南方现代草地畜牧业高效配套技术

NANFANG XIANDAI CAODI XUMUYE GAOXIAO PEITAO JISHU

四川省草业技术研究推广中心／主编

主　编／何光武　张新跃

副主编／严东海　张瑞珍

编　委／何光武　张新跃　严东海　张瑞珍　程明军
李　杰　李元华　杨春桃　王　淮　熊朝瑞
李洪泉　荣　璟　侯　众

四川大学出版社

项目策划：李思莹
责任编辑：胡晓燕
责任校对：蒋 玙
封面设计：墨创文化
责任印制：王 炜

图书在版编目（CIP）数据

南方现代草地畜牧业高效配套技术 / 四川省草业技术研究推广中心主编. — 成都 : 四川大学出版社, 2019.12
ISBN 978-7-5690-3358-8

Ⅰ. ①南… Ⅱ. ①四… Ⅲ. ①草原－畜牧业－发展－研究－四川 Ⅳ. ① S8-127.1

中国版本图书馆 CIP 数据核字 (2020) 第 011138 号

书名　南方现代草地畜牧业高效配套技术

编　　者	四川省草业技术研究推广中心
出　　版	四川大学出版社
地　　址	成都市一环路南一段 24 号（610065）
发　　行	四川大学出版社
书　　号	ISBN 978-7-5690-3358-8
印前制作	四川胜翔数码印务设计有限公司
印　　刷	郫县犀浦印刷厂
成品尺寸	170mm×240mm
印　　张	6.75
字　　数	128 千字
版　　次	2020 年 3 月第 1 版
印　　次	2020 年 3 月第 1 次印刷
定　　价	32.00 元

◆ 读者邮购本书，请与本社发行科联系。
电话：(028)85408408/(028)85401670/
(028)86408023　邮政编码：610065
◆ 本社图书如有印装质量问题，请寄回出版社调换。
◆ 网址：http://press.scu.edu.cn

四川大学出版社
微信公众号

前　言

四川地形复杂多样，气候温暖湿润，饲草资源丰富，可用于发展草地畜牧业的草地、草山草坡、撂荒地、轮闲地及耕地较多，种植饲草饲料作物产量高，发展现代草地畜牧业的潜力巨大。2014 年，国家启动了南方现代草地畜牧业推进行动项目，有力地促进了四川丘陵区、盆周山区草山草坡的开发利用和生态环境保护，改善了项目实施区的草地畜牧业基础和科技支撑条件，提高了牛羊养殖效率和草地资源利用率，优化调整了农业产业结构，助推了农民增收和扶贫攻坚工作。为了做大、做强草产业，促进草牧业发展，进一步提高饲草饲料作物生产、加工、贮藏利用和牛羊养殖技术水平，四川省草业技术研究推广中心组织有关专家和技术人员在总结四川长期以来种草养畜、南方草地畜牧业项目实施经验的基础上，结合新技术的推广应用情况，汇集归纳了现代高效草地畜牧业的相关技术内容和规范，编撰了《南方现代草地畜牧业高效配套技术》。

本书共八章，涉及南方现代草地畜牧业发展的理论基础、区域条件与规划布局，饲草饲料作物生产技术，草地划区轮牧技术，饲草饲料作物青贮技术，干草制作技术，以及肉牛和肉羊养殖技术等内容，供草地畜牧业技术人员及农牧民群众查阅参考。

限于编者水平，书中错误在所难免，敬请读者不吝指教。

主　编

2019 年 9 月

目 录

第一章 南方现代草地畜牧业发展的理论基础……………………………（1）
第一节 农业三元结构理论………………………………………………（1）
第二节 营养体农业理论…………………………………………………（3）
第三节 草地农业系统理论………………………………………………（5）
第四节 现代高效草地农业系统理论……………………………………（7）
第二章 南方现代草地畜牧业发展的区域条件与规划布局……………（9）
第一节 牧草区划…………………………………………………………（9）
第二节 肉牛、肉羊养殖的区域条件……………………………………（10）
第三节 养殖模式的选择…………………………………………………（12）
第四节 养殖场的规划布局………………………………………………（13）
第三章 饲草饲料作物生产技术…………………………………………（16）
第一节 天然草地改良……………………………………………………（16）
第二节 多年生人工草地…………………………………………………（18）
第三节 一年生人工草地…………………………………………………（29）
第四章 草地划区轮牧技术………………………………………………（37）
第一节 草地划区轮牧的原理……………………………………………（37）
第二节 草地划区轮牧主要参数的确定…………………………………（38）
第三节 草地划区轮牧围栏、附属设施建设及管理……………………（41）
第五章 饲草饲料作物青贮技术…………………………………………（44）
第一节 青贮的概念、作用及青贮饲料的制作…………………………（44）
第二节 青贮饲料的加工制作机械………………………………………（47）
第三节 青贮饲料的重量估算与质量评价………………………………（49）
第四节 主要青贮设施建设及青贮技术…………………………………（50）
第六章 干草制作技术……………………………………………………（58）
第一节 干草调制方法……………………………………………………（58）
第二节 干草的贮藏………………………………………………………（59）

第三节　干草的品质鉴定…………………………………………………（62）
第四节　干草的利用……………………………………………………（64）
第七章　肉牛养殖技术………………………………………………（66）
第一节　肉牛圈舍及附属设施的设计…………………………………（66）
第二节　肉牛品种选择与选育…………………………………………（70）
第三节　肉牛繁殖技术…………………………………………………（75）
第四节　肉牛饲养标准…………………………………………………（77）
第五节　肉牛全混合日粮饲喂技术……………………………………（80）
第六节　舍饲肉牛的粪尿处理…………………………………………（82）
第七节　肉牛的疫病防控………………………………………………（83）
第八章　肉羊养殖技术………………………………………………（86）
第一节　肉羊圈舍及附属设施的设计…………………………………（86）
第二节　肉羊品种选择…………………………………………………（89）
第三节　肉羊繁殖技术…………………………………………………（93）
第四节　肉羊饲养标准与全混合日粮饲喂技术………………………（96）
第五节　舍饲羊的粪尿处理……………………………………………（98）
第六节　羊的疫病防控…………………………………………………（99）
参考文献………………………………………………………………（101）

第一章　南方现代草地畜牧业发展的理论基础

第一节　农业三元结构理论

一、农业三元结构理论的提出

1984 年，小麦育种栽培专家卢良恕率中国农学会专家赴贵州考察，提出以食物消费结构为导向，将传统农业结构由二元向三元转变。1992 年，《国务院关于发展高产优质高效农业的决定》提出，将传统的“粮食—经济作物”二元结构逐步转向“粮食—经济作物—饲料作物”三元结构。2017 年，中共中央 1 号文件明确指出：“深入推进农业供给侧结构性改革，加快培育农业农村发展新动能，开创农业现代化建设新局面。……优化农业产业体系、生产体系、经营体系，提高土地产出率、资源利用率、劳动生产率，促进农业农村发展由过度依赖资源消耗、主要满足量的需求，向追求绿色生态可持续、更加注重满足质的需求转变。”同时，文件明确要求加快发展草牧业，支持青贮玉米和苜蓿等饲草饲料作物种植，开展粮改饲和种养结合模式试点，促进“粮食—经济作物—饲料作物”三元种植结构的协调发展。

二、农业三元结构理论的内容

我国地域广阔，自然资源丰富。农牧业发展的重点之一是如何利用和保护好自然资源。饲草饲料作物在其生长发育过程中对光、热、水、土等条件的要求，特别是对温度和水分的要求不如谷物严格。在水、热条件较差，农作物不能正常生长发育或不能完全成熟的地区，可种植饲草饲料作物。这样既不与粮食作物争地，还可以增加饲草饲料作物的产量。中国工程院院士任继周的研究结果显示，目前我国仅利用了农用土地食物生产潜力的43.59%，如将现有耕地的20%实行草田轮作，可进一步提高生产效率，食物生产能力将是现行系统的1.23倍，在粮食种植空闲时节种植饲草饲料作物，能显著增加粮食产量。因此，在农业二元结构体系中增加饲草饲料作物，进而形成三元结构生产体系，对我国农牧业长远发展意义深远。目前，发达国家饲草饲料作物种植面积占土地面积的50%以上，而我国饲草饲料作物种植面积仅占作物种植总面积的7.63%左右，推广发展潜力巨大。

三、农业三元结构理论提出的意义

（一）发展现代草地畜牧业的客观要求

现代草地畜牧业的基本要求是以市场为导向，按照产业化的发展路子，集成各类生产要素，组织社会化、专业化、规范化大生产，为社会提供大量、质优、健康、安全的畜产品。我国牲畜数量较多，但生产率较低，与欧美国家存在较大差距。造成生产水平差距较大的除品种、技术、生产经营管理等因素外，主要是缺乏与草地畜牧业生产相适应和相互促进的饲料生产配套体系。利用耕地种植饲草饲料作物，可有效提高畜牧业生产效率，推进现代草地畜牧业发展。

（二）增加农民收入的客观要求

随着农产品结构性过剩和结构性短缺“双重”现象的出现，近年来，粮食价格持续下跌，我国人均耕地面积减少，农业种植业比较效益下降，造成农业增产不增收，农民人均收入徘徊不前。发展三元结构，调整农业种植结构，栽培种植高产、质优的饲草饲料作物是解决农村剩余劳动力，增加就业，有效增加农民收入，促进农村经济发展的切实可行的途径。

（三）发展可持续农业的客观要求

传统种植业由于使用大量的化肥和农药，不仅造成单位投入收益降低，而且造成农业面源污染，破坏生态环境，诱发社会问题。种植三年紫花苜蓿的土壤，每亩产根系0.6吨左右，每亩地根瘤菌固氮9～15公斤，且一半分布在0～30厘米的耕作层，使有机质提高0.1%～0.3%。同时，还可以增加土壤团粒结构，改良土壤，提高后茬作物的产量。据报道，肥沃的土壤栽培紫花苜蓿，其后茬作物可增产 30%～50%；贫瘠的土壤栽培紫花苜蓿，其后茬作物可增产 2～3 倍。

第二节　营养体农业理论

一、营养体农业理论的提出

在 1998 年中国草原学会年会上，任继周院士首次提出了营养体农业的概念。营养体农业（vegetative agriculture）是相对于传统农业，即籽实农业（seed agriculture）提出来的，与传统农业的主要区别是收获目的不同。传统农业主要是以收获籽粒为目的，栽培作物必须完成整个生育期，籽粒产量越高越好；而营养体农业则是以收获茎、叶等营养体为目的，营养体的可利用养分产量越高越好，不需要完成整个生育期。营养体农业的主要特点是在生长期内对水、热、光、气等气候资源和土地资源的时间性匹配要求不高，能在全部生长季内比较充分地利用气候和土地资源，生产较多的有机物质产品。

二、营养体农业理论的内容

农业生产的目的物包括种子、果实、花、茎、叶、根、皮、纤维、汁液等各种植物体器官或组织。某一植物的农用价值表现在生育期的全过程，而不只是植物的籽实部分。因此，按照生产目的物的不同，农业可分成不同类型的生产系统。营养体农业分为广义的营养体农业和狭义的营养体农业。广义的营养体农业是指以生产植物茎、叶等营养体器官为主要目的的农业生产系统，如牧草、青饲料、蔬菜、花卉、根茎类及纤维作物等农业生产系统。狭义的营养体农业是指以收获作物茎、叶等营养体器官为对象，再通过草食动物将其转化为动物食品，即以收获植物茎、叶为初级生产目标，以动物产品为次级生产目标的农牧耦合生产系统。

三、营养体农业理论提出的意义

（一）有利于开发牧草、饲料资源，保障畜牧业可持续发展

我国有6700多种饲用植物，61亿亩草地，4.05亿亩农闲田，7500万亩轮作绿肥，5250万亩可开发沿海滩涂，此外，还有9000万亩可利用林区面积以及954.53平方公里的内陆水面等资源，都可以用于发展营养体农业。开发利用这些资源，发展牧草、青饲料、多汁饲料、块根块茎饲料以及其他营养体形式，不仅可解决饲草饲料不足的问题，保障畜牧业可持续发展，而且对满足草产品的市场需求也具有重大的现实意义。

（二）有利于促进农业结构调整，提高资源的利用效率

长期以来，我国种植业延续着“粮食—经济作物”二元结构的生产模式，但随着畜牧业的发展，对饲草饲料需求量的增加，已经逐步向“粮食—经济作物—饲料作物”的三元结构转变。一方面，通过发展营养体农业，在这些直接或间接提供饲料的耕地上逐步利用饲料作物和优质牧草替换原有的作物品种，使饲料粮转化发生在播种之前，即可在相同数量的土地上获得更多生物量，提高土地和气候资源的转化效率；另一方面，充分利用农闲田及水、热、光、气等自然资源发展营养体农业，提高资源利用率和单位面积产出。

（三）有利于促进现代化农业的发展

发展营养体农业有利于促进现代化农业的发展，如农耕地区的营养体农业——三元结构的种植业系统，以休闲观光为目的的营养体农业——景观农业系统，城镇居民区的营养体农业——草坪与园林绿化系统，以水土保持为目的的营养体农业——生态环境保护与植被建设系统，草原牧区的营养体农业——草原畜牧业系统和草原旅游业系统等。这些农业系统都体现了营养体农业的属性，都是现代化农业的重要组成部分。

（四）有利于生态环境建设，再造秀美山川

目前，水土流失，土地荒漠化，草地退化、沙化和盐碱化等给我国社会和经济发展带来了极大危害，严重影响了生态环境、社会经济的可持续发展。实施退耕还草、建设草地、保护与合理利用草地资源、发展以生态环境保护与植

被建设为目的的营养体农业，再造秀美山川，已成为我国可持续发展的重要任务。

综上所述，营养体农业理论的提出，使人们的思想观念从单一传统的籽实农业系统中解放出来，面向土地资源，生物资源和水、热、光、气等气候资源。发展营养体农业生产是对传统籽实农业系统缺陷的矫正，它可扬长避短，更充分地利用气候资源、土地资源和生物资源，使生物量和营养物质产量大幅度提高。营养体农业在我国农业可持续发展中，对促进草业发展，解决因人畜共粮而导致的饲料粮短缺问题，促进农业结构调整、生态环境建设和现代农业发展等都将发挥重要作用。

第三节　草地农业系统理论

一、草地农业系统理论的提出

2004 年，任继周院士首次提出四个生产层理论（图 1—1）和草业系统耦合理论。

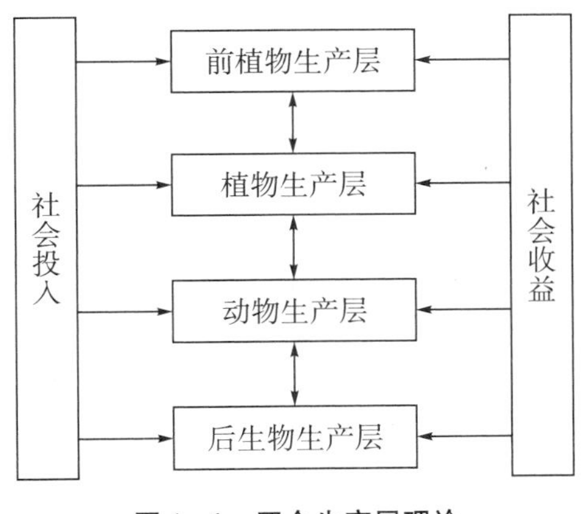

图 1—1　四个生产层理论

二、草地农业系统理论的内容

草地农业系统是指土地、植物、动物三个主要环节之间以能量传递的动态平衡为基础的农业生态系统。其基本特征是把牧草与家畜引入农业系统，充分发挥牧草的纽带作用；把种草与养畜、养地结合起来；把土地与家畜结合起来；把传统的生产方式与现代科学技术结合起来；把产、供、销与城市经济发展结合起来，实现农业系统的多样性、丰产性和稳定性。同时，还不断地把系统向外延伸，使其逐渐趋于多元化、扩大化，使之更富有弹性，建立起一个在养分上主要依靠自我供给具有较强再生能力的农业经济生态系统。

三、草地农业系统理论提出的意义

（一）有助于推进现代化大农业发展

草地农业系统在大农业系统中含有较大比重的草地面积与养殖业，是更为优化的一种农业系统。它可以充分发挥家畜和优良牧草的作用，把种草与养地、种草与养畜、土地与家畜结合起来，不断把生态系统向外延伸，使之渐趋多元化、扩大化。在该系统中，草地面积应不少于农业用地面积的25％。由于动物与植物之间互惠共生的协同进化，动物生产在农业生产值中应不少于50％，所以也称为有畜农业。

（二）有助于保护生态环境，实现可持续发展

种植牧草能有效防止土地荒漠化，控制水土流失。种草的坡地在大雨的状态下可减少地面径流47％，减少冲刷量77％，保水能力比农田大数十倍。若林地与草地相结合，则其总体生态效益更佳。林木常常形成空中绿化，地面缺乏覆盖物，土壤流失仍很严重；覆盖在地面的牧草不但具有截流作用，而且可以减少径流，显著控制水土流失。

种植优良牧草不仅可以有效改善土壤的理化性质，提高土地的生产力，而且牧草种植的发展必将带动畜牧业的发展，进一步为种植业提供大量有机肥，使农业生产迈向“草多—畜多—粪多—粮多”的良性发展道路。

（三）有助于提高农业生产水平

牧草能有效利用水、热等自然资源。我国地域广阔，水、热资源分布不均。农业生产的主要限制因素是干旱，尤其是春旱，这主要是因为降水季节与农作物生育全程的需水量不相吻合。但牧草的耗水系数远低于其他作物，其生育全程的需水量与降水季节也能较好吻合，故可使干旱地区有限而又宝贵的降

水资源尽可能多地转化为系统生产力。粮食以收获籽实为主，而牧草以收获茎、叶为主，故其对热量的适应性比籽实作物更强。

（四）有助于农业生产建立良性循环系统，实现三大效益兼顾发展

草地农业系统具有显著的经济效益和社会效益。我国长期发展的经验让我们认识到：在发展农业经济时既要考虑生态效益，又要考虑经济效益，二者缺一不可。草地农业系统是一个生态上靠自我维持，经济上有强大生命力的农业系统，是以植物生产和动物生产为核心，向前延伸为前植物生产层（景观农业），向后延伸为后生物生产层（生物产品的加工及流通）的生产系统。牧草不仅具有景观、生态价值，还可加工形成高蛋白的绿色饲料。草地农业以家畜为杠杆，通过与植物生产层的耦合，其效益将得到进一步放大。

第四节　现代高效草地农业系统理论

一、现代高效草地农业系统理论的提出

2004 年，张新跃在多年研究我国南方草地畜牧业的基础上，应用营养体农业理论和草地农业系统理论，提出了在我国南方发展现代高效草地农业系统的理论。

二、现代高效草地农业系统理论的内容

现代高效草地农业系统是指将南方农区现有的土地资源通过牧草及饲料作物进行合理的配置，以草地农业系统理论和营养体农业理论为基础，通过高效益的第一性生产和牲畜转化，实现农业系统优化和可持续发展。现代高效草地农业系统是现代化农业生产系统，其重要特征是资源的合理配置和高效转化，遵循市场原则和效益原则。

三、现代高效草地农业系统理论提出的意义

（一）拓展了农业生产目标

大农业不仅是生产粮食，更重要的是生产食物。动物产品在人类食物中占有较大比重。从传统的籽实生产向营养体生产发展，拓展了种植业生产目标的区域，为次级畜牧业生产提供了广阔空间，为二者生产效益的提高都带来了巨大的可能性。

（二）使农业生产的初级生产量大幅度提高

多花黑麦草—饲用玉米种植系统与传统种植系统相比，饲料干物质产量和粗蛋白产量可提高3～5倍，为第二性转化提供了大量优质低价的饲料。

（三）实现了对土地的优化配置

对土地进行优化配置，可更好地利用时间、空间，促进光、热、水、肥、气等自然资源的高效转化和合理利用。通过种植业、畜牧业合理配置，可建立良性、高效的农业生产系统，实现农牧业生产与生态环境保护相统一。将多年生牧草、豆科牧草、草食家畜等品种，科学放牧系统、粪便处理与肥料还田等技术引入农业生产，可建立循环农业系统，有利于水土保持，防治面源污染，减少化学物质投放，建立良性的农业生产系统。

（四）为农业科技提供更大的发展空间

现代高效草地农业系统涉及种植业、畜牧业等多学科、多领域，转化环节多，技术含量高，为农业科技发展提供了更大的空间，也蕴含着更大的发展潜力。

（五）对调整我国南方农业结构等具有重要实践意义

现代高效草地农业系统建设对土地的依赖性强，投资较大，技术、规模、劳动力、投资等要素均能体现现代农业的特点，对调整我国南方丘陵和山区种植业、畜牧业结构，发展现代农业，具有重要的实践意义。

第二章　南方现代草地畜牧业发展的区域条件与规划布局

第一节　牧草区划

根据各地资源禀赋和自然生态特点，合理确定草产业区域布局与种植模式。充分利用撂荒地、冬闲地、草山草坡，推广应用粮草轮作、果草套作等种草方式，成片成规模地种植青贮玉米、多花黑麦草、紫花苜蓿等饲草饲料作物，建设高效优质的饲草料基地。支持龙头企业、新型经营主体和广大农民大力发展优质饲草料生产，提高饲草料供给能力。

一、川西北高原牧区

川西北高原牧区包括甘孜藏族自治州（简称甘孜州）、阿坝藏族羌族自治州（简称阿坝州）和凉山彝族自治州（简称凉山州）木里县。重点推进传统草原畜牧业转型升级，主打高原绿色生态草畜产品。在合理利用天然饲草地与改良草地的同时，成片成规模地种植披碱草、老芒麦、饲用燕麦等牧草，建设高产优质标准化人工饲草料基地，为发展畜牧业提供优质饲草料。大力推行牦牛暖牧冷饲技术，减少冬春掉膘率，提高产奶量。

二、攀西地区

攀西地区即安宁河流域，包括凉山州大部分地区、攀枝花市主要区县。充分依靠该地区日照充足、水热丰富的自然优势，利用大小凉山和攀西河谷地区撂荒地、轮闲地等闲置土地，采用烟草轮作、粮草轮作等方式，成片成规模地种植光叶紫花苕、紫花苜蓿等优质牧草，建设省内优质商品草生产供应基地，为发展本地特色草食畜牧业奠定坚实基础，并大力推广草牧一体化绿色循环种养模式。

三、成都平原及盆周中浅丘区

成都平原及盆周中浅丘区包括成都、绵阳、德阳、资阳、眉山、内江、遂宁、南充、资阳、自贡。充分利用成都平原及盆周中浅丘区的闲置土地，大力推广应用草田轮作、果草套作等方式，成片成规模地种植黑麦草、饲用玉米等优质饲草饲料作物。充分开发利用农作物秸秆资源，大力推广青贮饲喂技术，为大型养殖企业和合作社提供优质饲草料，推广草牧一体化绿色循环种养模式。

四、川东北深丘区

川东北深丘区包括达州、巴中、广安、广元。合理调整种植结构，适度退耕还草，成片成规模地种植黑麦草、鸭茅、饲用玉米等优质饲草饲料作物，推广青贮饲喂技术，推进以蜀宣花牛为主的草食畜牧业和奶产业发展，推行饲用资源种养+综合利用模式和天然草地+人工草场半舍饲模式。

五、川南山地区

川南山地区包括宜宾、泸州、乐山、雅安。合理利用和改良草山草坡，推行粮草轮作、果草套作，成片成规模地种植象草、青贮玉米等优质饲草饲料作物，推广青贮饲喂技术，立足川南黄牛等地方特色畜种，走特色发展之路，推广草牧一体化绿色循环种养模式和天然草地+人工草场半舍饲模式。

第二节　肉牛、肉羊养殖的区域条件

根据肉牛、肉羊生长对气候、饲草料及疫病防治的要求，四川适宜肉牛、肉羊养殖的区域应具备下列条件。

一、气候条件

气候温暖湿润，无明显极端寒冷气候。

二、饲草料条件

土地资源丰富，有一定规模的草山草坡和相对低廉的能用于饲草饲料作物种植的土地，且本区域或周边可用于肉牛、肉羊养殖的农业和农产品加工附属产物丰富。

三、交通条件

交通运输干道和乡村道路发达，便于饲草料和商品牛、羊的运输。

四、隔离条件

养殖区应布局在规定的禁养区之外，满足环保要求。与交通干道有500米以上的距离，有天然隔离屏障的丘陵山体和河流湖泊，防止区域内发生规定性疾病。

五、技术条件

有具备丰富经验的畜牧兽医等技术人员开展技术服务，具有较好的品种资源和杂交改良基础。

六、市场条件

有充足的消费市场或拥有一定规模的屠宰与加工能力。

七、投资条件

区域内有较好的养牛、养羊传统和较高的养牛、养羊积极性，当地政府对发展肉牛、肉羊养殖有较好的支持和扶持政策。

第三节　养殖模式的选择

一、生产组织模式

（一）企业经营

投资者建设肉牛、肉羊繁殖场、育肥场、种畜场或种植、养殖、加工联合体，由企业完成草地畜牧业生产的全过程，并组织产品销售。

（二）专业生产合作社

以种养殖户为基础，开展种植、养殖，组建肉牛、肉羊养殖合作社、协会等专业合作组织，建立种畜场、饲料加工、畜产品加工、产品营销等龙头企业，形成“专业合作组织+农户”种养模式，开展产销服务，提高草地畜牧业组织化程度。

（三）公司+农户

投资者建立肉牛、肉羊养殖场、种畜场和饲料加工、畜产品加工销售等龙头企业，通过提供种畜、饲料，收购畜产品，提供技术服务等，帮助和扶持农户种植饲草饲料作物，改良草地，开展肉牛、肉羊饲养，实现企业和农户双赢的目标。

（四）家庭农场

农户通过土地流转、牧草种植、饲草加工贮藏和规模化养畜，建立种养一体的家庭经营牧场，实现家庭经营牧场的规模化、集约化和现代化。

二、主要养殖类型

（一）繁殖改良型

以饲养繁殖母畜为主，通过杂交改良繁殖幼畜，以供牲畜育肥者育肥出售。为了提高繁殖母畜的饲养效益，应养殖健康、繁殖能力强、繁殖系数高的母畜，运用先进的繁殖技术，选配优良公畜品种。要有较好的放牧草场和优质高效的饲草料基地，尽可能降低母畜饲养成本。

（二）育肥型

购入断奶幼畜或架子牛、架子羊，饲养育肥、出售。可采用放牧育肥、舍饲育肥或放牧＋舍饲等育肥方法。育肥时要有充足优质的牧草粗饲料，选购优良品种、杂交品种后代，以提高转化效率。

（三）自繁自养型

采用饲养母畜自繁犊牛、羔羊，进行育肥、出售一体化的饲养模式。一般采用持续育肥法，犊牛、羔羊断奶后迅速转入肥育阶段进行育肥，达到出栏体重后出售。此种模式畜源有保证，采用牛、羊不同生长阶段相应的饲养标准饲喂，提高饲料转化效率，保持较高的日增重量，缩短饲养周期，尽可能提高养殖效益。

第四节　养殖场的规划布局

养殖场规划应本着因地制宜、科学饲养、环保高效的要求，适度规模，合理布局，统筹安排。场地建筑物的配置应做到紧凑整齐，尽可能提高土地利用率，不占或少占耕地，节约供电线路、供水管道，有利于整个生产过程的防病灭菌、防火安全、现代化生产和降低生产成本。

一、分区规划布局

肉牛、肉羊养殖场一般包括3～4个功能区，即生活管理区、生产区、粪尿污水处理区和病畜管理区。各功能区布局应遵循的原则如下所述。

（一）生活管理区

生活管理区应设在养殖场上风口和地势较高地段，并与生产区保持80米以上的距离。生活管理区要保持良好的卫生环境，要与生产区严格隔离，二者连接处要建设消毒通道，人员、车辆进出要进行严格消毒。

（二）生产区

1．草料生产区

草料生产区的土地应布置在养殖场附近，面积按每头牛 0.5～2 亩、每只羊 0.1～0.5 亩的面积进行规划。区内要规划草料生产田间机械进出及草料运输道路和必要的排灌设施。

2．草料加工贮藏区

草料加工贮藏区包括饲料库、干草棚、青贮池、农机库、加工车间等，要尽可能邻近圈舍，位置适中，便于车辆运送草料，减少运输成本。干草棚、青贮池应设在养殖区下风口地势较高处，与其他建筑物保持 60 米防火距离，兼顾由场外运入和再运到圈舍两个环节。但必须防止圈舍和运动场因污水渗入而污染草料。

3．养殖区

养殖区应设在场区的下风位置。养殖区牛舍和羊舍要合理布局，分阶段、分群饲养，按照能繁母畜舍、产房、幼畜舍、育肥舍等顺序排列，各舍之间要保持适当距离，布局整齐，以便防疫和防火。圈舍要适当集中，以节约水电线路管道，缩短饲草料及粪便运输距离，便于科学管理。同时，对于规模较大的场地，在圈舍建设布局上，应根据土地、饲草料尤其是青饲料供应、粪尿污水处理和疫病防治的实际情况，在经济适用、科学测算、降低运行成本的基础上，因地制宜，适度规模；在相对集中的前提下，合理布局，分栋建设圈舍，以降低青饲料供给运输成本，减少粪尿污水处理压力和隔离疫病传染源。

4．消毒与卫生防疫

养殖区要保证安全、安静，场外人员和车辆不得随意进出生产区。大门处要设立门卫传达室、消毒室、更衣室和车辆消毒池，严禁非生产人员出入场内，出入人员和车辆必须经消毒室或消毒池严格消毒。兽医室、病畜隔离治疗区应相对封闭，尽量置于下风向、低地势的地域，防止病原扩散。

（三）粪尿污水处理区

粪尿污水处理区应设在生产区周边低地下风位置，与圈舍保持 50 米以上的距离，与生产区隔离开。拉运粪尿车辆必须经过消毒，粪尿污水不得直接流入生产区。

（四）病畜管理区

病畜管理区应设在生产区下风向、地势相对较低处，与生产区的距离不小于 300 米，应具单独通道以便于隔离、消毒和污物处理等。尸坑和焚尸炉应距畜舍 300～500 米。防止粪尿污水等废弃物蔓延污染环境。

二、典型规划布局

养殖场的典型规划布局如图 2－1 所示。

图 2－1　养殖场的典型规划布局

第三章　饲草饲料作物生产技术

第一节　天然草地改良

一、草地改良的概念

草地改良是指在不破坏或少破坏草地原有植被的情况下，通过划破草皮、补播、施肥、改良土壤、围栏封育等措施改善草地的生产条件，提高牧草产量与质量。

二、天然草地改良的条件

实施改良的天然草地应具备以下条件：

（1）距养殖场较近，主要用于放牧；

（2）地势相对平缓，集中连片，土质好，土层较厚，具有一定的肥力水平；

（3）气候湿润，无明显极端干旱季节或有一定灌溉条件；

（4）植被主要以草本植物为主。

三、草地改良的方法和技术

（一）划破草皮

对于板结，透气性、透水性差的草地，可采用机械或人工开沟等形式划破草皮，增加通透性。人工开沟一般采用水平带状开沟的形式，沟宽度为 5～

10 厘米，每隔 50～100 厘米开一条沟。

（二）补播

在草地植被较好但草质较差的地方，采用不破坏或少破坏（划破草皮）草地原有植被的方式，于草群中播种一些适应当地生长条件的优良牧草，以增加牧草种类和数量，提高草地生产力（图 3－1）。补播一般在秋季进行。补播品种一般以多年生草种为主。

海拔 800 米以下的平缓湿润的撂荒地、荒地可选择种植牛鞭草、白三叶、鸭茅、苇状羊茅、紫花苜蓿等；海拔 800～2500 米的平缓湿润的撂荒地、荒地可选择多年生黑麦草、鸭茅、白三叶、苇状羊茅和红三叶等混播，也可加少量多花黑麦草进行覆盖播种；坡度较大、相对干燥的撂荒地、荒地可选用苇状羊茅、鸭茅、紫花苜蓿等草种混播。

图 3－1　补播

（三）施肥

通过施用肥料改良土壤，增加土壤有机质，提高肥力，促进牧草生长。通常可施用农家肥、复合肥、化肥等，一般于下雨前进行。

（四）改良土壤

对于酸性较大的土壤可施用石灰调节土壤酸碱度。

（五）围栏封育

通过建立围栏（钢丝围栏、电围栏、生物围栏等）设施屏障，在牧草生长期进行封育（图 3－2）。草地在一定时期内禁止放牧，使植被得以生长恢复。

图 3－2 围栏封育

（六）除杂

通过机械、人工拔除、药物（除草剂）喷撒等方式清除草地上的毒、杂（不可食）草。

（七）灌溉

对沙质较重和较干旱的区域，可根据具体条件进行灌溉，以提高草地产量。

第二节 多年生人工草地

多年生牧草是指生长年限在 2 年以上，一次播种可多年利用，一般第二年就能开花结实的牧草，大多数牧草属于此类。根据生长季节、对光热需求量的高低和生长特性，多年生牧草可分为暖季型多年生牧草、冷季型多年生牧草和多年生高大饲用作物。

一、暖季型多年生人工草地

暖季型多年生人工草地是利用暖季型多年生牧草建立的人工草地。此类草地种植的牧草在春季或初夏开始生长，冬季一般进入休眠状态，停止生长，其产量的形成集中于一年中较热的季节。

（一）主要草种

暖季型多年生人工草地上的主要草种有扁穗牛鞭草、东非狼尾草、狗牙根、假俭草等。其中，四川以扁穗牛鞭草种植利用较多（图 3—3、图 3—4）。

图 3—3　扁穗牛鞭草人工草地

图 3—4　扁穗牛鞭草林间草地

（二）特点及适应性

扁穗牛鞭草为禾本科牛鞭草属多年生草本植物，茎秆下部匍匐，上部斜生，粗壮发达，可横向蔓延 1～1.5 米。茎节着地生根；叶片于茎节上生长，呈条形；草层株高达 40～80 厘米。这类草种喜温暖湿润气候和微酸（pH 值可达 5）的土壤。春季平均气温 7℃时萌发，生长期长，为 3～10 月；夏季生长快；冬季生长缓慢，进入休眠状态后停止生长。再生力强，每年可刈割 4～6 次，一般利用年限可达 6 年以上。鲜草产量为每亩 5～10 吨，水分含量高，粗蛋白含量较低，饲喂高产牲畜能量不足。扁穗牛鞭草结实率低或不结实，主要采用根茎扦插等无性繁殖方式。与扁穗牛鞭草类似的牧草还有东非狼尾草。

（三）适宜喂养动物

适宜于养殖牛、羊、兔。

（四）适宜土壤

此类草地上的草种喜各类湿润土壤，尤其是湿润的酸性黄壤土，最适 pH 值为 6～7，能耐短期水淹。

（五）种植

1. 种植时间

最适种植期为3～9月。

2. 地块选择

选择土壤肥沃、土层深厚、通透性好的沙壤土或壤土。

3. 整地

翻耕，要求深、松、细、平，施足底肥，一般每亩施有机肥料1000～2000公斤，过磷酸钙20～30公斤。

4. 种植方式

扁穗牛鞭草根系会分泌酚类化合物，能抑制豆科牧草的生长，生产上多为单种。东非狼尾草可单种，也可与白三叶混播，建立放牧草地。

5. 扦插移栽

挑选健壮、节密的成株作种茎，将种茎切成15～20厘米长的茎段，每段含3～4节，可采用打窝或开沟扦插，行距30～40厘米，株距15～30厘米，将种茎斜放于开好的沟（窝）内，其中两节压入土中，1～2节露于地面，轻压。

（六）田间管理

扦插移栽后应及时浇水，保持土壤湿润至长出新根和分蘖。在扦插移栽第一个月内注意除杂，遇干旱天气应及时灌溉，分蘖期和刈割后结合灌水每亩追施尿素8～10公斤。开春前后在株丛间每亩施农家肥1000～2000公斤。每隔2年每亩施过磷酸钙15～25公斤。在生长期内若出现病虫害，可及时刈割。

（七）利用

可青饲、青贮，也可放牧利用。当株高达40～50厘米时即可刈割利用，留茬4～6厘米。暖季型多年生人工草地主要草种的刈割高度、留茬高度、刈割次数详见表3－1。

表3－1　暖季型多年生人工草地刈割参考数据

草种名称	刈割时牧草高度（厘米）	留茬高度（厘米）	刈割次数（次/年）
扁穗牛鞭草	35～60	3～5	3～5
东非狼尾草	30～50	10～15	3～6

（八）营养成分

暖季型多年生人工草地主要草种营养成分见表3－2。

表3－2　暖季型多年生人工草地主要草种营养成分

草种名称	生育期	占绝干物质的比重（%）						
		粗蛋白（CP）	粗脂肪（EE）	粗纤维（CF）	无氮浸出物（NFE）	粗灰分（ASH）	钙	磷
扁穗牛鞭草	营养期	14.63	7.40	25.60	39.70	12.70	0.57	0.36
	拔节期	10.79	1.99	31.28	49.00	6.83	—	—
东非狼尾草	营养期	13.64	3.47	20.50	52.89	9.50	0.64	0.44

二、冷季型多年生人工草地

冷季型多年生人工草地是利用冷季型多年生牧草建立的人工草地。主要牧草草种喜温凉湿润气候，夏秋遇32℃以上高温生长不良，其大部分产量的形成集中于一年中较为凉爽的几个月。

（一）主要草种

目前，在四川农区用于冷季型多年生人工草地建设的草种主要有多年生黑麦草（图3－5）、鸭茅（图3－6）、苇状羊茅、早熟禾、紫花苜蓿、红三叶（图3－7）、白三叶（图3－8）等。

图3－5　多年生黑麦草

图3－6　鸭茅

图 3－7　红三叶

图 3－8　白三叶

（二）特点及适应性

多年生黑麦草、鸭茅、苇状羊茅分别为禾本科黑麦草属、鸭茅属、羊茅属多年生草本植物，紫花苜蓿为豆科苜蓿属多年生草本植物，红三叶、白三叶为豆科三叶草属多年生草本植物。这类草种不耐炎热，适宜于在冬无严寒、夏无酷暑、降雨量较多、年平均气温为 15℃～25℃的地区种植。最适生长气温为 20℃，气温高于 30℃时生长受阻，高于 35℃时可能死亡，难耐－15℃的低温。

多年生黑麦草和红三叶在四川应选在海拔 800 米以上区域种植。紫花苜蓿可在海拔 400～3500 米地区种植，但应选择不同秋眠级品种：气温高的地区应选择 7～9 级品种，湿冷地区应选择 4～6 级品种，寒冷地区应选择 1～4 级品种。因其不耐涝和酸性土壤，不宜在水田、低湿地和酸性土壤上种植。

冷季型多年生牧草的生长季节主要集中于 8～11 月和 3～6 月。这类草种于四川农区高山地带可常年生长。四川农区适宜建植人工割草地和放牧草地。一个生长季节可收割 2～4 次，亩产鲜草 3～8 吨。

（三）适宜喂养动物

这类草种适口性好，营养价值高，牛、羊喜食。适宜于养殖牛、羊。

（四）适宜土壤

除了苇状羊茅较为耐旱耐瘠外，禾本科牧草喜肥不耐瘠，对土壤要求比较严格，最适宜在排灌良好、肥沃湿润的黏土或黏壤土栽培，略能耐酸，适宜的土壤 pH 值为 6～7。豆科牧草较耐瘠，根部生有根瘤菌，可固氮。紫花苜蓿不耐涝，不宜在水田、低湿地和酸性土壤上种植。

（五）种植

1. 播种时间

春秋均可播种，以早秋播种为宜。春播杂草较多，需混播少量一年生牧草以抑制杂草生长，增加播种当年的草产量。

2. 地块选择

选择土壤肥沃、土层深厚、排灌条件好、较为平坦的地块。低洼积水地块注意排水或采用高厢排水种植。紫花苜蓿选择坡地、不积水的干燥地块种植，并选择对应的秋眠级数品种。

3. 整地

要深翻松耙，粉碎土块，整平地面，结合翻耕，视土壤肥力情况施足底肥。一般每亩施有机肥料1000～1500公斤，或复合化肥25～30公斤。

4. 种植方式

可单播（图3－9、图3－10），也可在多年生黑麦草、鸭茅、苇状羊茅、紫花苜蓿、红三叶、白三叶等中选择2～5个草种混播（图3－11、图3－12）。

图3－9　川东鸭茅疏林草地

图3－10　苇状羊茅草地

图3－11　多年生黑麦草混播草地

图3－12　鸭茅、多年生黑麦草混播草地

5. 播种方式及播种量

撒播、条播、穴播均可，单播一般以条播为宜，行距 20～30 厘米，覆土 2 厘米。冷季型多年生人工草地草种播种量见表 3-3。

表 3-3　冷季型多年生人工草地草种播种量

草种名称	单播（公斤/亩）	混播（公斤/亩）
多年生黑麦草	1～1.5	0.5～1
鸭茅	0.8～1.2	0.4～0.6
苇状羊茅	1.5～2	0.6～0.8
紫花苜蓿	1.4～1.8	0.5～0.8
白三叶	0.5～1	0.15～0.25
红三叶	0.5～1	0.4～0.6

（六）田间管理

春播幼苗期要及时除草，并注意防治虫害。多年生黑麦草、鸭茅、苇状羊茅草地每次刈割后要及时追施尿素或复合肥，每亩 5～10 公斤；紫花苜蓿、红三叶、白三叶苗期可适量施尿素，以后主要施用农家肥或磷钾复合肥。若为酸性土壤，每亩可增施磷肥 10～15 公斤。同时，应视土壤墒情及时进行排灌水。

（七）利用

1. 刈割利用

鸭茅、紫花苜蓿、红三叶等上繁草适宜刈割利用，刈割收草宜在初穗（现蕾）期，留茬 3～5 厘米。青草可直接喂牛、羊，也可青贮，或调制成干草。一个生长季可收割 2～3 次，亩产鲜草 3～8 吨。

2. 放牧利用

多年生黑麦草、白三叶、早熟禾、苇状羊茅等下繁草适宜放牧利用；放牧宜在株高 20～30 厘米时进行，采用划区轮牧以控制放牧强度。

冷季型多年生人工草地主要草种如红三叶、紫花苜蓿、多年生黑麦草、苇状羊茅、鸭茅等，其刈割高度、留茬高度、刈割次数详见表 3-4。

表 3－4　冷季型多年生人工草地刈割参考数据

草种名称	刈割时牧草高度（厘米）	留茬高度（厘米）	刈割次数（次/年）
紫花苜蓿	30～50	5～7	4～6
红三叶	30～50	5～7	4～6
多年生黑麦草	50～70	5～8	3～5
苇状羊茅	50～70	5～8	3～5
鸭茅	50～70	5～8	3～5

（八）营养成分

冷季型多年生人工草地主要草种营养成分见表 3－5。

表 3－5　冷季型多年生人工草地主要草种营养成分

草种名称	生育期	占绝干物质的比重（%）						
		粗蛋白（CP）	粗脂肪（EE）	粗纤维（CF）	无氮浸出物（NFE）	粗灰分（ASH）	钙	磷
多年生黑麦草	营养期	20.20	26.10	22.60	10.30	11.20	0.40	0.27
	初穗期	17.00	3.20	24.80	42.60	12.40	0.79	0.25
鸭茅	营养期	18.40	5.00	23.40	41.80	11.40	—	—
	抽穗期	12.70	4.70	29.50	45.10	8.00	0.03	0.24
苇状羊茅	营养期	19.20	6.80	20.00	37.80	8.00	0.89	0.50
	抽穗期	18.40	4.40	25.60	39.60	7.60	0.70	0.23
紫花苜蓿	营养期	26.10	4.50	17.20	42.20	10.00	2.11	0.23
	初花期	20.50	3.10	25.80	41.30	9.30	0.46	0.25
白三叶	营养期	26.70	5.52	11.61	43.92	12.25	1.69	0.51
	初花期	23.70	3.63	12.98	47.91	11.80	1.22	0.33
红三叶	营养期	20.40	5.00	16.10	49.70	8.80	1.86	0.27
	开花期	17.10	3.60	21.50	47.60	10.20	1.92	0.33

三、多年生高大饲用作物

多年生高大饲用作物主要是指光合效率高，生长速度快，植株高大，生物量大，具有较高的饲用和栽培利用价值的多年生草本植物。

（一）主要草种

目前，多年生高大饲用作物主要是象草类、杂交狼尾草类、多年生薏苡类（图 3－13）等，主要品种有桂牧 1 号杂交象草（图 3－14）、热研 4 号王草（杂交狼尾草，俗称皇竹草）、玉草系列（玉草 1 号、玉草 5 号）（图 3－15）等。

图 3－13　多年生薏苡

图 3－14　桂牧 1 号

图 3－15　玉草 5 号

（二）特点及适应性

植株高大，均可达 3 米以上，分蘖多，分蘖数达 30 以上，具有生长迅速、再生力强、抗倒伏、抗旱耐湿、产量高、叶量大、质地柔软、适口性好、利用率高、饲养效果好、病害少和一般种植一次可连续利用多年等特点。

桂牧 1 号、皇竹草年均可刈割 5～8 次，年均鲜草产量 20～25 吨/亩，有的可高达 27 吨/亩；玉草 1 号年可刈割 3～4 次，年均鲜草产量 8～12 吨/亩；玉草 5 号年可刈割 4～5 次，年均鲜草产量 7～10 吨/亩；多年生薏苡年可刈割 2～3 次，年均鲜草产量 3～7 吨/亩。

由于此类牧草结实少，种子发芽率较低，实生苗生长极为缓慢，所以生产上常采用茎秆繁殖。

这类草喜温暖湿润气候，在四川农区大部分地区均可种植。但不耐寒，在四川北部和高山地区应注意越冬，需在重霜雪前砍下种茎埋藏地下，作为第二年用种。往年生长的地块用草或畜粪覆盖。

（三）适宜喂养动物

各类畜禽喜食，可用于饲养牛、羊、鱼、兔、鹅等草食动物。饲喂时要进行揉切加工处理。

（四）适宜土壤

对土壤要求不严，但以土层深厚和保水良好的壤性土壤最好；在山坡地种植，如能保证水肥，也可获得高产。

（五）种植

1. 种植时间

每年 3～5 月均可播种。

2. 地块选择

选择土层深厚、疏松肥沃、水分充足、排水良好的地块。

3. 整地

深耕松土，耙细，平地应一犁一耙，起畦，宽 2～3 米。

4. 选种及种茎处理

选粗壮无病无损伤的成熟茎作种茎，将种茎砍成 2 节一段，即每段含有效芽 2 个，断口斜砍成 45 度，尽量平整，减少损伤。

5. 种植方式

种茎用量 85～100 公斤/亩，按种植行距 30～120 厘米、深 5～10 厘米开行；先施基肥（施有机肥 1000～1500 公斤/亩），然后按株距 30～120 厘米将种茎放于行内，斜插或平放，覆薄土；斜插时露顶 1～2 厘米，然后用脚轻踩压实。玉草类选腋芽饱满、无病虫害的健康种茎移栽，每穴 1 株或 2 株，播种深度 3 厘米左右，沙性土壤的播种深度稍深，黏性土壤的播种深度稍浅。多年生薏苡株行距 120 厘米。

（六）田间管理

种植后如缺苗要及时补栽。封行前或种植次年3～4月结合中耕除草施肥和灌溉一次（天气干旱时），可适量施用有机肥，也可追施尿素15公斤/亩、钙镁磷肥12公斤/亩、氯化钾5公斤/亩；每次刈割后追施尿素15公斤/亩或适量有机肥，并除杂和灌溉。

（七）利用

1. 刈割

桂牧1号、皇竹草、象草、玉草等用于养牛时在草高150厘米内刈割，养羊时在草高80～100厘米刈割；留茬5厘米。多年生薏苡用于养牛时在草高200厘米内刈割，用于养羊时在草高150厘米刈割；一般齐地刈割，但入冬前最后一茬留茬10～20厘米。刈割后可青饲或青贮。

2. 青饲

将刈割后的青草用切草机或铡刀切短，长度为2～4厘米，然后直接投喂。

多年生高大饲用作物刈割高度、留茬高度、刈割次数详见表3-6。

表3-6　多年生高大饲用作物刈割参考数据

草种名称	刈割时牧草高度（厘米）	留茬高度（厘米）	刈割次数（次/年）
桂牧1号杂交象草	130～150	10～20	5～7
热研4号王草（皇竹草）	130～150	10～20	5～7
象草	130～150	10～20	5～7
玉草系列	80～150	10～20	3～5
多年生薏苡	150～200	10～5	2～3

（八）营养成分

多年生高大饲用作物主要草种营养成分见表3-7。

表 3-7　多年生高大饲用作物主要草种营养成分

草种名称	生育期	占绝干物质的比重（%）						
		粗蛋白（CP）	粗脂肪（EE）	粗纤维（CF）	无氮浸出物（NFE）	粗灰分（ASH）	钙	磷
桂牧 1 号	营养期	13.80	2.68	30.29	42.63	10.60	—	—
皇竹草	拔节期（1 米）	14.04	3.51	36.83	32.37	9.25	0.72	0.33
	拔节期（1.5 米）	9.03	2.82	48.47	27.83	8.15	0.32	0.24
	拔节期（2 米）	7.61	2.74	53.85	23.88	8.27	0.39	0.20
玉草系列	营养期	13.80	2.68	30.29	42.63	10.60	—	—

第三节　一年生人工草地

一年生人工草地是指通过种植一年生或越年生牧草而建立的人工草地。根据不同播种季节和利用时间以及生长特性，可将这类牧草划分为暖季型一年生牧草、冷季型一年生牧草和一年生高大饲用作物。这里主要介绍冷季型一年生人工草地和一年生高大饲用作物。

一、冷季型一年生人工草地

冷季型一年生人工草地是利用冷季型一年生牧草建立的人工草地。

（一）主要草种

目前，在四川农区用于冷季型一年生人工草地的草种主要有多花黑麦草（图 3-16）、饲用燕麦（图 3-17）、光叶紫花苕（图 3-18）、小黑麦（图 3-19）等。

图 3－16　多花黑麦草

图 3－17　饲用燕麦

图 3－18　光叶紫花苕

图 3－19　小黑麦

（二）特点及适应性

这类牧草适宜温凉湿润的气候，在昼夜温度为 27℃/12℃时生长速度最快，夏季炎热时则生长不良，超过 35℃植株及根系死亡。在海拔 4000 米以下区域均可种植，水肥条件好的地块每年可产鲜草 5～10 吨/亩。小黑麦是小麦和黑麦通过人工远缘杂交合成的一种新型的禾本科饲料，既有小麦高产优质的特点，又有黑麦植株高大、抗病虫和适应环境能力强的特点。

（三）适宜喂养动物

各类牲畜喜食。青草可直接饲喂，也可青贮或晒制干草。

（四）适宜土壤

喜壤土或沙壤土，亦适于重壤土，在肥沃湿润、土层深厚、排水良好的地方生长极为茂盛，产量高。

（五）种植

1. 种植时间

每年 8 月下旬至 11 上旬播种。

2. 地块选择

选择土壤肥沃、土层深厚、排灌条件好、较为平坦的地块。低洼积水地块应注意排水或采用高厢排水种植。

3. 整地

翻耕，要求整地精细，施足底肥，一般每亩施有机肥料 1000～1500 公斤或复合化肥 25～30 公斤。

4. 种植方式

单播或混播。可与毛苕子、紫云英等草种混播。

5. 播种方式及播种量

撒播、条播、穴播均可。条播行距 15～30 厘米，播深 2 厘米。单播亩播量：多花黑麦草 1～1.5 公斤，饲用燕麦 10～15 公斤，小黑麦 15～17 公斤，光叶紫花苕 3～4 公斤。混播比例根据具体情况酌情调整，但一般混播用种量为多花黑麦草 0.6～1 公斤，饲用燕麦 8～13 公斤，小黑麦 10～12 公斤。

（六）田间管理

应视土壤墒情及时排灌水。播种前施足基肥，分枝期分蘖期追肥一次，每次每亩施尿素或复合肥 5～10 公斤。以后每刈割一次追肥一次，每亩施尿素或复合肥 10～15 公斤。为防止牧草刈割后茬口腐烂，应在刈割后 3～5 天施肥，干旱坡地每次施肥后要结合灌水。

（七）利用

多花黑麦草播种后 45 天左右，草高 40～50 厘米即可刈割利用；年可刈割 4～5 次，每亩可产鲜草 5～8 吨，多的可达 10 吨以上，折合干物质约 1 吨左右；用于青贮一年刈割两次为宜；每次刈割留茬 5～6 厘米，以利再生。

饲用燕麦再生性较差，提早刈割有利于再生；首次刈割宜在 50～60 厘米，留茬 5～6 厘米，第二次刈割可齐地刈割；年产量 3～4 吨/亩；割下来的青草可以直接喂牛、羊，也可以青贮，或调制成干草。青贮饲用燕麦应在抽穗期刈割，小黑麦应在乳熟期刈割。

冷季型一年生人工草地主要草种的刈割高度、留茬高度、刈割次数详见

表 3－8。

表 3－8　冷季型一年生人工草地刈割参考数据

草种名称	刈割时牧草高度（厘米）	留茬高度（厘米）	刈割次数（次/年）
多花黑麦草	50～70	4～7	3～5
饲用燕麦	50～70	3～5	1～2
紫云英	50～60	3～5	2～3
光叶紫花苕	50～60	3～5	2～3
小黑麦	70～150	3～5	1

（八）营养成分

冷季型一年生人工草地主要草种营养成分见表 3－9。

表 3－9　冷季型一年生人工草地主要草种营养成分

草种名称	生育期	占绝干物质的比重（%）						
		粗蛋白（CP）	粗脂肪（EE）	粗纤维（CF）	无氮浸出物（NFE）	粗灰分（ASH）	钙	磷
多花黑麦草	营养期	15.30	3.10	24.80	48.30	8.50	0.48	0.18
	初穗期	13.80	3.00	25.80	49.60	7.80	0.51	0.24
小黑麦	乳熟期	0.70	13.10	30.70	39.50	6.00	0.33	0.17
饲用燕麦	抽穗期	9.10	1.95	34.59	48.85	5.71	0.22	0.09
	蜡熟期	6.58	3.13	32.36	51.78	6.15	0.19	0.07

二、一年生高大饲用作物

一年生高大饲用作物主要是指光合效率高，生长速度快，植株高大，生物量大，具有较高的饲用和栽培利用价值的一年生草本植物。

（一）主要草种

目前，一年生高大饲用作物主要是玉米类、高粱、薏苡类等，具体种类有饲用玉米（雅玉 8 号）、高丹草、饲用高粱（图 3－20）、苏丹草（图 3－21）、墨西哥饲用玉米、远缘杂交类品种（科饲 1 号饲用玉米）、一年生薏苡等，均为春季种植夏秋利用草种。

图 3—20 饲用高粱

图 3—21 苏丹草

（二）特点及适应性

玉米是饲料之王，不仅籽实是工业饲料的主要原料，其整株（饲用玉米）的利用在养牛业中也十分重要。其主要用于青贮，饲养奶牛、肉牛、羊等大牲畜。它和高粱类的苏丹草、高丹草、饲用高粱、类蜀黍属的墨西哥玉米、薏苡属的一年生薏苡都具有植株高大、生长快、产量高、抗性强、全株青贮、质优、省工、节能等优势。苏丹草、高丹草、墨西哥玉米、一年生薏苡还具有分蘖数多、再生性强等特点。饲用玉米适宜于四川省农区所有水肥条件良好的地块种植。

（三）种植

1. 种植时间

每年 3 月中旬至 5 月中下旬播种。

2. 种植方式

饲用玉米以窝播为宜，行距 80 厘米，株距 15 厘米，每窝 1 株，每亩约 5500 窝。苏丹草、高丹草宜条播，行距 30 厘米左右。墨西哥玉米可育苗移栽、撒播、条播，条播行距 30 厘米，育苗移栽间距为 30 厘米×35 厘米或 40 厘米×30 厘米，亩生株群 6000～8000 株。一年生薏苡宜穴播，行距 60 厘米，株距 60 厘米。

3. 播种量

玉米以保证每窝 1 株，每亩约 5500 窝的播种量为宜；苏丹草、高丹草每亩播种量 2～2.5 公斤。播种后应覆土 2～3 厘米。播种前 10～15 天晒种 4～5 天可提高发芽率，播种后 4～5 天能出苗。墨西哥玉米育苗移栽亩用种量为 0.7 公斤，点播 1 公斤，条播 1.2～1.5 公斤，撒播 2.5 公斤。开行点播，每株穴 2～3 粒，覆土 2～3 厘米。播种前用 20℃左右的温水浸种 24 小时。一年生薏苡穴播，每穴 6～8 粒种子均匀分散放置，覆土 2～3 厘米。

（四）田间管理

出苗后要及时中耕除草，苗期在 5 叶前长势缓慢，5 叶后开始分蘖，生长转旺；应定期补缺，并亩施氮肥 5～10 公斤；中耕除草；苗高 30 厘米，亩施氮肥 6～12 公斤。为促进苏丹草、高丹草、墨西哥玉米、一年生薏苡分蘖生长，每次刈割后，待再生苗高 5 厘米时，每亩应追施氮肥 5～10 公斤，注意旱灌涝排。

（五）利用

饲用玉米生长到蜡熟期（乳浆收干）进行全株（整株带苞）收获，亩产鲜草 4.5 吨，干物质 1.5 吨左右。收获后进行揉切青贮。用于全株青贮的雅玉 8 号，其整株含水量在 65％～68％时，单位面积的干物质产量最高，青贮损耗最小，消化率较高，故刈割时间确定为蜡熟期，进行低水分青贮；刈割收获时间应为播种后 120 天。苏丹草、高丹草出苗后 40～60 天，株高在 1.5 米左右时应割第一茬，以利于后茬早发多发，以后各茬可根据需要确定刈割时期。饲养牛、羊可在抽穗期前后刈割（年可割 2～4 次），留茬 10～15 厘米。

墨西哥玉米在苗高 140 厘米时可以刈割，留茬 5 厘米，以后根据需要刈割。注意刈割时防止割到生长点，即每次刈割时比原留茬点要高出 1～1.5 厘米，以利再生。

一年生薏苡生长到 80～100 厘米时刈割第一茬，留茬 10～15 厘米，再生草达 60～80 厘米时即可刈割。

苏丹草、高丹草、饲用高粱、墨西哥玉米、一年生薏苡可青饲，也可青贮。

饲用高粱当草长到 120～150 厘米时可进行刈割利用，年可刈割 3 次，这样做有利于提高牧草利用率和适口性，也可秋季一次收获进行青贮。饲用高粱幼嫩的植株和叶片中含有能释放出氢氰酸的化学物质，但这并不影响其饲用价值。注意这几点可避免家畜氢氰酸中毒：首先，避免用幼嫩多汁的鲜草饲喂饥饿的家畜；其次，在旱季一定要在饲用高粱高度达 1.2 米以上时再利用；在生产青贮饲料和调制干草的过程中，氢氰酸含量降低，不会引起家畜中毒。一年生高大饲用作物的刈割高度、留茬高度、刈割次数详见表 3－10。

表 3－10　一年生高大饲用作物刈割参考数据

草种名称	刈割时牧草高度（厘米）	留茬高度（厘米）	刈割次数（次/年）
一年生薏苡	80～100	10～15	3～4
苏丹草	80～120	10～15	4～6
高丹草	80～120	10～15	4～6
墨西哥玉米	130～150	10～20	3～5

（六）轮作模式

一年生人工草地种植的一年生高大饲用作物主要是秋季种植冬春利用的多花黑麦草、饲用燕麦、紫云英、光叶紫花苕等和春季种植夏秋利用的苏丹草、高丹草、墨西哥玉米。青贮玉米与青贮燕麦轮作时，不同地区播种时间、前后茬的衔接要根据实际情况进行调整。饲用燕麦秋季播种时间一般为 9 月底到 10 月中旬，部分地区应在 9 月底完成播种，以错开阴雨季节。青贮玉米一般为 4 月上中旬，最晚不超过 5 月中旬完成播种；8 月中旬，最晚不超过 9 月中旬完成收获。

（七）营养成分

一年生高大饲用作物主要草种营养成分见表 3－11。

表 3－11　一年生高大饲用作物主要草种营养成分

草种名称	生育期	占绝干物质（%）				
		粗蛋白（CP）	粗脂肪（EE）	粗纤维（CF）	无氮浸出物（NFE）	粗灰分（ASH）
全株玉米	蜡熟期	8.46	3.15	19.52	65.08	3.79
苏丹草	抽穗期	15.30	2.80	25.90	47.20	8.80
	开花期	8.10	1.70	35.90	44.00	10.30
	结实期	6.00	1.60	33.70	51.20	7.50
高丹草	成熟期	8.67	2.19	20.18	63.65	6.31
墨西哥玉米	孕穗期	13.80	2.11	28.50	48.00	7.59
	开花期	9.50	2.60	27.00	51.90	9.00

刈割牧草的一些现代化机械请参考图 3－22～图 3－25 购买和使用。

图 3－22　背负式收割机收割多花黑麦草

图 3－23　机械化收割饲用玉米

图 3－24　割草机收割、粉碎牧草

图 3－25　割草机收割紫花苜蓿

第四章　草地划区轮牧技术

第一节　草地划区轮牧的原理

一、划区轮牧的概念与原理

划区轮牧是根据草地牧草的生长特性和家畜对饲草的需求，将草地按计划分为若干小区，在一定时间内逐区循序轮回放牧的一种放牧制度。它是在测定草地产草量，确定载畜量、放牧牲畜头数、轮牧周期、每个分区放牧时间和轮牧频率的基础上进行的。

二、划区轮牧的优越性

与自由放牧相比，划区轮牧的优越性表现在以下几个方面。

（一）可减少牧草浪费，提高载畜量

在划区轮牧中，一定数量的家畜只在规定的日期内采食，对牧草的选择机会大大减少，令草地利用更加均匀；一般可提高采食率20%～30%，多容纳30%的牲畜，提高牲畜生产力5%～10%。

（二）有利于提升牧草的产量和品质

划区轮牧能均匀利用草场植被，有利于牧草生长和植被恢复，防止杂草滋生，保证优良牧草的生存和发展，促进牧草产量和品质的提升，实现草地的可持续利用。

（三）可增加畜产品产量

由于多采食，少走路，降低了能耗，家畜平均日增重比自由放牧提高了17.3%～34.0%，增加了牧草的生产效益。

（四）能使畜群集中发情

划区轮牧畜群的体况、膘情比较均匀，便于集中发情、集中配种及后代的集中饲养管理。

（五）有利于草地管理

划区轮牧范围较小，便于草场的集中建设与管理，如灌溉、施肥、补播等，同时降低了牧工的劳动强度。

（六）可防止家畜寄生虫病的传播

许多寄生虫以家畜为寄主，在连续放牧的情况下，寄生虫的幼虫会随牲畜采食进入其体内，使其染病，危害其健康，尤其是对幼畜危害更大。划区轮牧，牲畜定期转移，降低了寄生虫幼虫生存和传播的概率，防止家畜感染寄生虫病，降低了危害。

第二节　草地划区轮牧主要参数的确定

一、主要参数及计算

（一）放牧草地面积

放牧草地面积是指一定数量的牲畜，在一定的时间内，实施划区轮牧所需草地的面积。

$$\text{放牧草地面积(亩)}=\frac{\text{放牧牲畜数(头或只)}\times\text{日食量(公斤/头或公斤/只)}\times\text{放牧天数}}{\text{可食牧草产量(公斤/亩)}\times\text{利用率(\%)}}$$

（二）小区草地面积

小区草地面积是指用于轮牧的每一个小区的草地面积。

$$小区草地面积(亩)=\frac{放牧牲畜数(头或只)\times日食量(公斤/头或公斤/只)\times小区放牧天数}{可食牧草产量(公斤/亩)\times利用率(\%)}$$

（三）轮牧周期

轮牧周期是指从第一分区至最后分区循序利用一遍，并返回第一分区的间隔时间，也就是同一个小区两次放牧间隔的天数。

$$轮牧周期=\frac{放牧草地面积(亩)\times可食牧草产量(公斤/亩)\times利用率(\%)}{放牧牲畜数(头或只)\times日食量(公斤/头或公斤/只)}$$

（四）小区放牧天数

小区放牧天数根据放牧时该小区可食牧草产量和放牧牲畜的数量确定。

$$小区放牧天数=\frac{小区草地面积(亩)\times可食牧草产量(公斤/亩)\times利用率(\%)}{放牧牲畜数(头或只)\times日食量(公斤/头或公斤/只)}$$

（五）草地利用率

草地利用率为放牧适度时，牲畜采食的牧草占某地段牧草总产量（鲜草产量）的百分比。

$$草地利用率=\frac{单位面积可食牧草产量(公斤/亩)\times80\%}{单位面积鲜草产量(公斤/亩)}$$

注：80％为可食牧草的利用率。

二、轮牧小区的规划布局

在生产实际中，轮牧小区的规划布局主要根据放牧草地的具体情况，随自然地形走势、障碍物分布而定，如林带、壕沟、河流、山体及湖泊等。小区形状可能是不规则的，如梯形、椭圆形、三角形等，若是长方形，长宽比为 2∶1～3∶1。如果畜群规模较大，小区宽度需要加大，长宽比可放大到 1∶1。根据上述参数的计算，轮牧小区划分为放牧小区、休牧小区和割草地。放牧小区按计算的放牧天数依次进行放牧。休牧小区休牧，利于牧草的更新（图 4－1）。

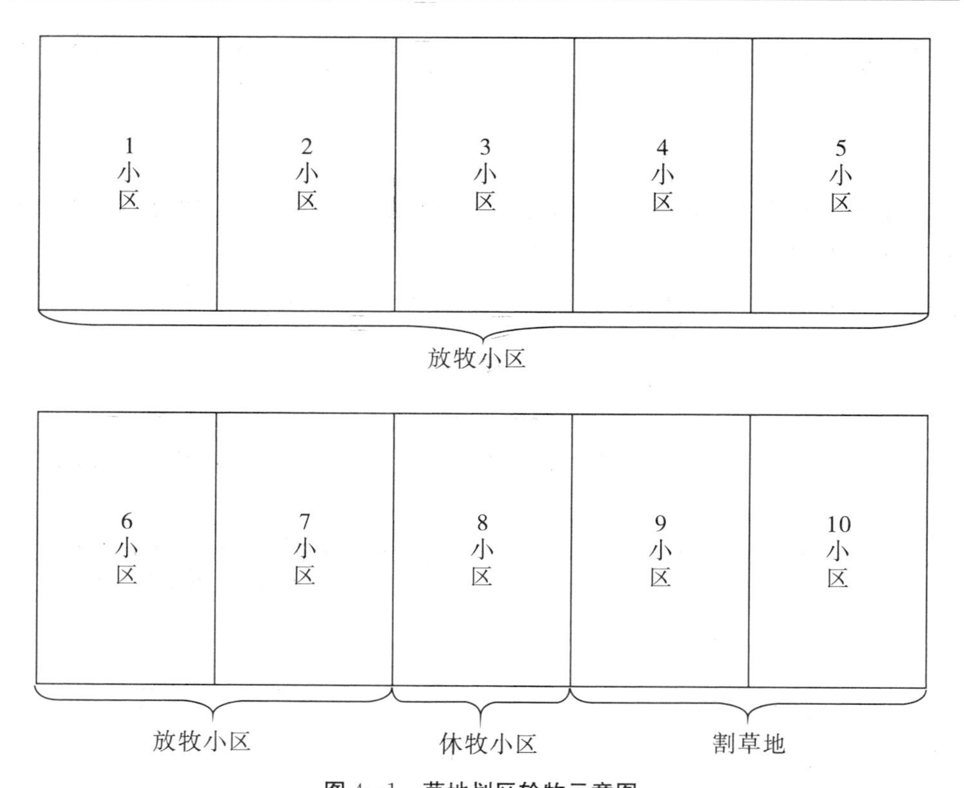

图 4—1　草地划区轮牧示意图

三、轮牧期的确定

始牧期是指牧草返青后，牧草生长量达到产草量的 15%～20%时开始轮牧。终牧期是指草地牧草现存量占草地产草量的 10%～15%时终止轮牧。

四、划区轮牧设计图的绘制

利用地形图（1∶50000）、全球定位系统（GPS）或其他测量工具确定草地边界及边界各拐点的方位，并测出各拐点之间的距离。同时，用交会法找出轮牧区内建筑物及水井等固定基础设施的准确位置，并在野外绘制草图。在室内用几何法等分各小区面积，并将建筑物等置于合理的位置。同时绘制出大比例尺设计图。设计图应包括草地总面积、每个小区面积，放牧小区、休牧小区、割草地，放牧顺序，每个小区放牧天数、轮牧周期等参数，以备划区轮牧使用。

第三节　草地划区轮牧围栏、附属设施建设及管理

一、草地划区轮牧围栏

草地划区轮牧围栏可采用网围栏、刺丝围栏等围栏方式（图 4－2）。钢丝网围栏的生产和安装参照中华人民共和国农业行业标准《草原围栏建设技术规程》（NY/T 1237—2006）和中华人民共和国机械行业标准《围栏术语》（JB/T 9705—2010）执行。

图 4－2　草地围栏效果图

（一）围栏定线

1. 平地定线

根据围栏地块地形规划图确定围栏线路走向，确定起始标桩，每隔 30 米设一标桩，直至全线完成，线路封闭。

2. 起伏地段定线

对拟建围栏地块线路的两端各设一标桩，定准方位，若中间遇小丘或凹地，要依据地形的复杂程度增设标桩，要求观察者能同时看到三个标桩，使各标桩排成一条直线。

3. 线路清理

清除围栏线路上的土丘或石块等，便于施工。

（二）围栏中间柱的设置及埋设

根据围栏网片长度在预接处设置中间柱，埋深 0.7～1.0 米，地上部分与小立柱取齐，然后在其受力方向上加支撑杆。

（三）小立柱间距及埋深的设置

地势平坦且土质疏松的地段，小立柱间距 4～6 米；土壤紧实的地段，小立柱间距 8～12 米，埋深 0.55 米；地形起伏的地段，小立柱间距 3～5 米。角柱埋深 0.8 米，在角柱受力的反向埋设地锚或在角柱内侧加支撑杆。

（四）围栏门的安装

根据围栏门的用途和需要预先将围栏门留好，门宽 2～4 米，高 1.25 米。门柱要用支撑杆与地锚加固，用门柱穿环与门连接，加网前将门柱及受力柱固定好。

二、附属设施建设

（一）牧道及门位

牧道宽度根据放牧牲畜种类、数量而定，一般为 5～10 米；尽量缩短牧道长度。门位的设计要考虑尽量减少牲畜进出轮牧区的游走时间，既不绕道进入轮牧区，也要考虑水源的位置。

（二）饮水设施

轮牧小区内根据牲畜数量设置饮水槽，并保持水槽内有足量的清水，保证牲畜夏季饮水 2～3 次/天，冬季 1～2 次/天。可在小区内打井并设置管道系统或采用车辆供水。

（三）布设舔砖、擦痒架、遮阴设施

轮牧小区布设适量舔砖，供畜群补充盐分和微量元素。根据实际情况及牲畜数量，小区内可设置擦痒架及遮阴棚。

三、草地划区轮牧的管理

（一）制订轮牧管理计划

根据草地产草量、牧草再生率制订畜群轮牧计划，确定小区放牧天数、轮牧期，轮牧畜群的饮水、补盐及疾病防治等日常管理方案。

（二）制订放牧小区轮换计划

按产草量确定小区放牧利用时间，利用方式遵循一定的规律顺次变动，使放牧草地能够长期利用。

（三）制订冷季轮牧区休牧时饲草料的储备计划

根据饲养畜群数量、畜群结构和冷季轮牧区休牧时长来计算饲草料的需求量，并充分考虑可能受灾的情况，制订饲草料储备计划，并通过组织实施天然草地改良、人工饲草地建设、外购草料等及时按需储备饲草料。

（四）制定围栏及饮水设施管护制度

对围栏及饮水设施要进行定期检查，围栏松动或损坏时应及时维修，以防放牧时畜群穿越轮牧小区围栏。饮水设施有破损要及时检修，冷季轮牧区休牧时要排空供水系统管道存水，饮水槽等设施要妥善保管以备来年使用。

第五章　饲草饲料作物青贮技术

第一节　青贮的概念、作用及青贮饲料的制作

一、青贮的概念

青贮是将切碎的青绿饲草置于密封的青贮设施设备中，在厌氧环境下进行以乳酸菌为主导的发酵过程，使饲草酸度上升，抑制有害微生物的繁殖，使青绿饲料得以长期保存的饲草加工贮存方法。

二、青贮的作用

青贮的作用体现在以下几个方面：

（1）能长期保存青绿饲料，调节和解决青绿饲料季节性和结构性短缺问题。

（2）能较好地保留青绿饲料的营养价值。粗蛋白质及胡萝卜素损失量较小（一般青绿饲料晒干后养分损失 30％～40％，维生素几乎全部损失）。

（3）保持和提高适口性，促进消化。青贮饲料柔软，气味酸甜芳香，适口性好，十分适于饲喂牛、羊，牛、羊很喜欢采食，并能促进牛、羊消化腺分泌消化液，对于提高饲料的消化率有良好作用。

（4）青贮饲料制作方法简便，成本小，不受气候和季节的限制。

（5）青贮饲料可以充分利用当地丰富的饲草资源，特别是利用大量的玉米秸秆青贮饲喂牛、羊，大大减少玉米秸秆的浪费。

三、制作青贮饲料的主要工序及技术关键

（一）主要工序

制作青贮饲料的主要工序是适时收割→适当晾晒→运输→切短切碎→装填及压紧压实→密封→开封利用。

（二）技术关键

1. 适时收割

适时收割是影响青贮原料产量和青贮质量的关键，时间早了影响青贮原料产量，时间晚了影响青贮质量。

（1）全株青贮玉米，多在蜡熟期后收获，即刈割收获时间应在播种后120天左右。

（2）玉米秸秆作青贮饲料，应在蜡熟末期及时掰除果穗后，尽快抢收茎秆作青贮。

（3）禾本科牧草青贮宜在初穗期刈割。

（4）豆科牧草宜在现蕾至开花初期刈割，切碎后与禾本科牧草混合一起青贮。

2. 适当晾晒

青贮原料水分含量高，对青贮质量影响较大。收割后的饲草饲料作物若水分含量较高，应在田间适当摊晒2～6小时，使水分含量降低到65%～70%。

3. 运输

收割后的青贮原料适当晾晒后，要及时运到铡切地点，若相隔时间太久，养分易损失较大。

4. 切短切碎

原料运到后要及时用相应的铡切机械切短切碎。一般把禾本科牧草和豆科牧草原料切成2～3厘米长的段；全株青贮玉米等粗茎植株切成1～2厘米长的段为宜，以利于装填、压紧压实和以后取用喂食，减少浪费。利用铡切机械切碎青贮原料时，最好是把铡切机械放置在青贮设施旁边，使切碎的原料直接进入清理干净的青贮设施的装填容器内。在切短切碎的过程中应注意含水量，青贮原料含水量一般控制在70%～75%，半干青贮时为60%～70%。简易方法是用手紧握切碎原料，以指缝露出水珠而不下滴为宜。

5. 装填及压紧压实

装填前将青贮设施清理干净，切短切碎后的青贮原料要及时装入青贮容器内，可采取边切短切碎边装填边压紧压实的方法。如果两种以上的原料混合青贮，应把切短切碎的原料混合均匀后装填。装填速度要快，时间不宜过长，以免好气菌繁殖造成腐败变质。一般小型容器要当天完成装填，大型容器要在2～3天内完成装填。当天不能装填完成的，可在停装时在已装填的原料上及时盖上一层塑料薄膜，次日继续装填。压紧压实可采用人力踩踏和轮式拖拉机、装载机等碾压。

（1）人力踩踏压实。

适用于10平方米以下的小规模青贮窖、青贮池等。每装填20～40厘米厚的一层原料就要踩实一次，特别是要注意踩实青贮窖（池）的四周和边角。切忌在青贮原料装满后进行一次性的踩踏压实。

（2）轮式拖拉机、装载机等碾压。

适用于大型青贮壕、地面堆贮等。每装填50～100厘米厚的一层原料就要碾压压实一次，其边、角部位仍需由专人负责踩踏压实。切忌在青贮原料装满后进行一次性的碾压压实。同时，在用拖拉机、装载机碾压压实时不要带进泥土、油垢、铁钉或铁丝等物，以免污染青贮原料，避免牲畜采食后危害健康。

6. 密封

密封主要采用一整块长宽均大于青贮窖（池）、青贮壕2米，厚度为12丝（0.12毫米）以上的醋酸乙酯塑料薄膜覆盖在压实的原料上面，塑料薄膜以黑色为宜，以免阳光射入，破坏维生素等营养物质。塑料薄膜要盖住青贮窖（池）、青贮壕墙体顶部小沟（三面小沟），再在墙体顶部小沟的塑料薄膜上盖一层5～10厘米厚的细沙，踩紧密封后应注意塑料薄膜是否有破损，如发现破损应及时用塑料胶带修补，以保证青贮窖（池）、青贮壕内处于无氧环境。青贮窖（池）、青贮壕墙体顶部小沟压沙后，上部可用塑料编织布（彩条布）盖住，以免大雨将细沙冲走。

7. 开封利用

（1）开封取用。

青贮饲料在经过30～50天的密封贮藏后就可开封取用。开封时，要清除干净压实塑料薄膜的沙土及其他杂物，以免混入青贮饲料中。开封后要做到连续使用，取用后应立即覆盖密封，避免青贮饲料在取用过程中变质。

（2）饲喂。

每天取用的青贮饲料数量要和牛、羊的需要量一致，要在当天喂完，不能放置过夜；经常检查霉变情况，霉变的青贮饲料不能饲喂，必须扔掉。牛、羊对青贮饲料都有一个适应的过程，开始时饲喂量不宜过多，应逐步增加饲喂量。将青贮饲料、青草、精料、干草等按照牛、羊的营养需要进行合理搭配后进行饲喂。

第二节　青贮饲料的加工制作机械

一、收割机械

（一）背负式割草机

适宜于规模较小的种草户。

（二）大型先进的收割机具

适宜于大规模的饲草料生产企业。有条件的企业采用玉米收割切碎机，边收获边切碎，再将饲草料装入拖车中，运到青贮设施处直接装填青贮。

二、加工机械

用于青贮原料切碎加工的机械多种多样，包括揉切机、铡草机、揉碎机等。目前，常见的经济实用的青贮饲料切碎加工机械主要有以下两种。

（一）揉切机

揉切机如图 5−1 所示。此类机具生产效率较高，吨电耗较小，性能可靠，操作简便，维护保养较为方便。

主要技术参数：生产量——3000 公斤/小时，配套电机功率——11 千瓦，外形尺寸——3 米×2 米×1.8 米，最短切茎长度——8 毫米，揉切状态——揉软丝状，扬送高度——3 米，移动方式——轮式牵引。

图 5－1　揉切机

（二）铡草机

铡草机如图 5－2 所示。此类机具用于切割牧草、秸秆等牲畜饲料，适合农村养牛户、农牧场等使用，具有自动喂入、使用方便、操作安全、生产效率高、性能稳定等特点。

主要技术参数：生产量（青玉米秆）——6000～10000公斤/小时，配套电机（自备）功率——15 千瓦，外形尺寸——2.5 米×1.8 米×1.95 米，切草长度——6～25 毫米，扬送高度——10～15 米，整机重量——1000 公斤。

图 5－2　铡草机

第三节　青贮饲料的重量估算与质量评价

一、青贮饲料重量估算

青贮设施的容积要根据牲畜的数量、青贮饲料饲喂时间的长短和原料的多少而定。不同的青贮原料经过压实后在单位容积内的重量是不同的，了解了青贮饲料在单位容积中的重量后就可以计算出青贮设施的大小。青贮饲料重量估计见表5－1。

表5－1　青贮饲料重量估计

青贮原料种类	青贮饲料重量（公斤/立方米）
全株玉米	500～550
玉米秸秆	450～500
叶菜类	800
牧草、野草	600

二、青贮饲料质量评价

在用于饲养牲畜前，应对青贮饲料进行感观（包括气味、颜色等）评价，以决定能否饲用。青贮饲料具有轻微的酸味和酒香味，颜色为绿色或黄绿色，无灰黑色或褐色霉变，手感松散、软而不黏手，则为优质饲料，可以放心用于饲养牲畜。如果青贮饲料具有陈腐的霉变气味，颜色为黑色或褐色，用手抓起来感觉结块或发黏，则质量较差，不能用于饲养牲畜。青贮饲料感官鉴定标准见表5－2。

表 5－2　青贮饲料感官鉴定标准

品质等级	颜色	气味	酸味	结构
优良	青绿或黄绿色，有光泽，近于原色	酒香味，微酸味，给人以舒适感	浓	湿润，紧密，茎、叶、花保持原状，容易分离
中等	黄褐或暗褐色	有刺鼻酸味，香味淡	中等	茎、叶、花保持原状，柔软，水分稍多
低劣	黑色、褐色或暗墨绿色	有特殊刺鼻腐臭味或霉味	淡	腐烂、污泥状，黏滑或干燥或黏结成块，无结构

第四节　主要青贮设施建设及青贮技术

一、青贮壕青贮

（一）青贮壕建设

青贮壕应在平坦的地面上修建，是一个长方形的壕沟状建筑，建设规格以宽 3～10 米、高 2～3 米、长 15～40 米为宜，其长度最好不要超过拟覆盖用塑料薄膜整卷的长度（约 70 米）。沟底为混凝土，两侧墙一般用混凝土或砖砌，表面用水泥抹光滑，混凝土要加钢筋。底部和墙面必须光滑，墙面最好涂抹一层防水沥青，以防漏气。壕底向出口的一端修成慢坡，便于机械化作业和青贮饲料沥水，以避免壕底积水。壕口的壕墙修成 40～50 度的斜坡，便于塑料薄膜覆盖。青贮壕的墙顶部修成宽 10～15 厘米、深 5～10 厘米的圆弧形槽沟，并把表面用水泥抹光滑，以免划破塑料薄膜（图 5－3）。

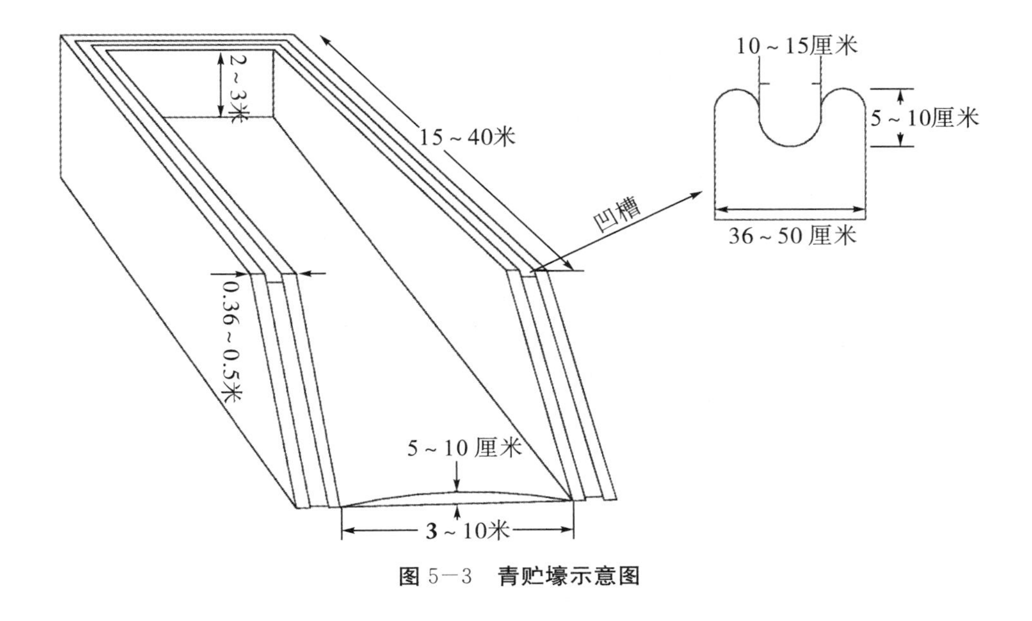

图 5—3　青贮壕示意图

（二）青贮操作

将青贮壕清理干净，切碎设备安装在青贮壕旁便于填装的适当位置，调试好。可采用边切短切碎边装填边压紧压实的办法。每装入 50～100 厘米厚的一层原料，就用轮式拖拉机或装载机等在青贮原料上来回碾压压实，其边、角部位需安排专人负责用脚踩踏压实。当用装载机压实的青贮原料高出壕墙 60～100 厘米时，将其整理成中间高、四周低，用一整块厚度在 12 丝以上的黑色醋酸乙酯塑料薄膜盖严，检查塑料薄膜有无破损，如发现破损应及时用塑料胶带修补，并在四周用沙压实，使青贮原料得到密封。密封后在塑料薄膜上覆盖塑料编织布（彩条布），适当压上一些沙袋或废旧轮胎等，防止塑料薄膜受损或被大风掀开。要经常观察青贮壕上、四周有无塌陷、裂缝，发现薄膜有孔洞应及时用塑料胶带修补（图 5—4）。

图 5－4　青贮壕青贮效果

（三）取用技术

青贮饲料在经过 30～50 天的密封贮藏后就可开封取用。取用时应先将青贮壕取用端用于压实塑料薄膜和塑料编织布（彩条布）的沙土清理干净，防止混入青贮饲料中。然后将取用端覆盖的塑料编织布（彩条布）和塑料薄膜从下往上揭开，不要损坏塑料薄膜，每次取多少揭多少。揭开后应先检查青贮饲料的霉腐情况，如发现霉腐料应先全部除掉，然后以截面的形式逐层逐段挖取或用机械截取青贮饲料。开封后要做到连续取用，随用随取。取用后应立即拉回塑料薄膜重新覆盖密封，减少取用过程中的变质损失。未开封的青贮饲料可保存一年以上。

（四）优缺点

青贮壕青贮的优点是青贮壕造价低并易于建造，而且有利于大规模机械化作业，通常拖拉机牵引着拖车从壕的一端驶入，边前进边卸料，再从另一端驶出，既卸了料又能压实青贮原料。

青贮壕青贮的缺点是密封面积大，贮存损失率较高，遇恶劣天气时饲料取用不便。

二、地面堆贮

（一）地面堆贮坪建设

地面堆贮坪应在地势较高、地下水位较低、排水方便、无积水、土质坚实、制作和取用青贮饲料方便的地方修建。

1. 水泥地坪

修建的水泥地坪应高出地面 10～20 厘米，用混凝土制作（200 号混凝土），混凝土厚 15～20 厘米，地面有一些坡度以便排水，面上抹平并做防水处理。四周挖排水沟，保证排水良好。

2. 泥土地坪

选择地势较高的平坦地块，将地面平整压紧，清除老鼠，填平鼠洞，四周挖排水沟保证排水良好。

（二）青贮操作

将切碎的青贮原料一层一层地堆铺在已准备好的地面堆贮坪上，堆铺厚度每增加 60～100 厘米用轮式拖拉机或装载机等在原料上来回碾压一次，随铺随压；压实的堆料最高处以不超过 3 米为宜，用一整块长宽均大于青贮堆料体 2 米的、厚度在 12 丝以上的黑色醋酸乙酯塑料薄膜盖严，保证四周有50～60 厘米宽的塑料薄膜接触地面，用细沙压实封严；同时仔细检查塑料薄膜有无破损，如发现破损应及时用塑料胶带修补，以确保青贮原料与外界空气隔离。

密封检查后再在塑料薄膜上覆盖塑料编织布（彩条布），适当压上一些沙袋或废旧轮胎等，防止塑料薄膜受损和被大风掀开。要经常观察青贮体四周塑料薄膜有无受损和裂缝，发现薄膜有裂缝和孔洞应及时用塑料胶带修补。

一般每平方米地面可青贮 1～1.5 吨饲料（图 5－5、图 5－6）。

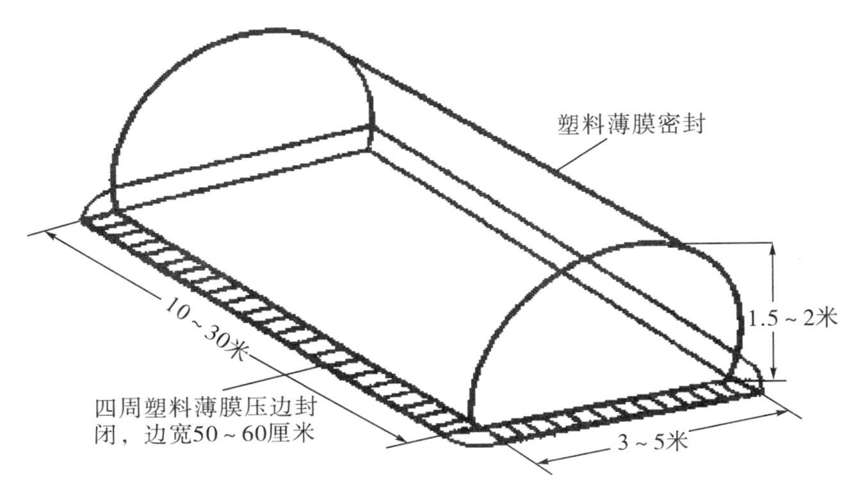

图 5－5　地面堆贮示意图

图 5—6 地面堆贮效果

（三）取用技术

青贮堆一般密封 30 天以上可开封取用。开封时从长方形的一个短边端开始，在清除干净塑料薄膜上的沙土及其他杂物后打开薄膜，按打开处横截面逐层取用。若表层有霉烂，应清除霉烂部分。每次取用后应及时拉回塑料薄膜盖严密封，减少空气透入和日晒雨淋。同时，一旦开封取用则应坚持每天连续取用，直至用完。要防止二次霉烂，减少损失。未开封的青贮堆可保存一年以上。

（四）优缺点

地面堆贮的优点是经济实用，青贮效果好；缺点是密封面积大，贮存损失率较高。

三、裹包青贮

（一）裹包准备

1. 机械准备

裹包青贮前应准备好打捆机和裹包机。

（1）打捆机。

打捆机可采用国产小型四轮拖拉机牵引（17～18 马力、带液压输出）。其性能特点为在行进中自动捡拾牧草，自动打捆，自动卸捆；打好的圆捆直径

55 厘米、高 52 厘米，圆捆重量 40～50 公斤（含水率为 50%～65%）；生产能力 50～80 捆/小时。

（2）裹包机。

裹包机可采用三相电机为配套动力。裹包机装有预拉伸装置，自动裹包，可调节裹包层数（2、4、6 层），生产能力 70～80 包/小时。

2. 裹包膜准备

裹包青贮前应准备好充足的专用青贮裹包膜，要求高强度，高抗拉，强拉伸回缩力，具有自黏性能。

（二）青贮操作

将圆草捆打捆机与匹配动力连接好，启动机器开始拾草，当草捆在打捆机内聚积到一定密度时，机器自动对草捆进行打捆并发出警报，当扎线臂自动施放麻绳后复位到初始位置，拉动液压拉手，打捆机后架打开，草捆放出，放开液压拉手，机架合拢，开始继续下一轮草捆捡拾、打捆作业。将放出的草捆放到裹包机上，设定包膜层数（2 层或 4 层），启动开关，开始旋转打包。通过捆裹技术压制的草捆密度大，体积小，小包为 40～50 公斤，大包约 100 公斤，形状大小整齐，便于运输、保存和取喂（图 5—7、图 5—8）。

图 5—7　裹包机裹包作业

图 5—8　裹包青贮堆放

（三）取用技术

经过上述打捆和裹包的牧草处于密封状态，在厌氧条件下经过 3～6 周，pH 值会降至 4 左右，此时所有的微生物活动均已停止，乳酸菌自然发酵完成，青贮饲料制作成功。饲喂时只需划破裹包膜，取出青贮饲料即可。但应注意检查是否有青贮饲料因裹包膜破损而腐烂变质，若有应去除腐烂变质料后再饲喂牲畜。取用青贮饲料后要注意裹包膜的环保处理，不能乱丢。裹包青贮饲料可长期稳定地保存，可在野外堆放保存1～2年。

（四）优缺点

裹包青贮的优点是方法简单，投资少，贮存损失小，贮存地点灵活，喂饲方便；缺点是生产效率低。

四、袋贮

（一）塑料袋的准备

青贮袋一般周长2.5～8米，厚度10～12丝，可根据实际需要进行挑选。

（二）装填

将揉切准备好的青贮原料装入青贮袋，每装填20厘米厚需用人踩等方式将其压实。要特别注意将青贮袋壁四周压实，并在一天内装完。

（三）封闭

青贮袋装满后应尽量排除空气，可用真空抽气器抽真空；青贮袋上部压一层20～30厘米厚的湿土，拍实打光，或用平整的木板、石块压实；贮后一周内经常检查袋顶，如发现下沉，应及时压土拍实（图5－9）。

图5－9　青贮袋装填

（四）取用技术

封口 30 天后可启封饲喂。一旦启封，应连续使用直到用完，切忌取取停停，以防霉变。取用时应每天按照牲畜实际采食量取出，切勿全面打开或掏洞使用。青贮饲料取出后不宜长时间放置，以防变质。

第六章　干草制作技术

干草是指将适时收割的饲草饲料作物经自然或人工干燥调制而成的能长期保存的饲草。它具有营养好、易消化、成本低、易运输、便于大量贮存等特点。干草可以缓解草料在一年四季中供应的不均衡问题，是制作草粉、草颗粒和草块等其他草产品的原料。

制作干草要求干燥的过程越短越好，以减少营养物质的损失。自然晒制干草最好选择晴天、气温较高的时候，在田间或晒坝等比较开阔的场地晾晒，以利于收割后的饲草能够尽快晾晒成优质干草。收割期适当、调制得好的优质干草叶量丰富，绿色并带有特殊的干草芳香味道，不混杂有毒有害植物。一般调制较好的干草含水量为14％～17％。

第一节　干草调制方法

一、地面晒制干燥法

常用的地面晒制干燥法有小草堆干燥法和草垄干燥法两种。其优点是茎叶干燥速度一致，叶片碎裂较少，与阳光的接触面积较小，因而可有效降低干草调制过程中的养分损失。

（一）小草堆干燥法

选择晴天，将刈割的牧草平摊在地面就地干燥1～2天，使其含水量降至40％～50％时，再堆成小草堆，高度30厘米左右，重量30～50公斤，任其在小堆内逐渐风干。注意草堆要疏松，以利通风。

（二）草垄干燥法

选择晴天，在便于机械化作业的草地上，将人工或机械刈割的牧草平摊在地面晾晒1～2天后，用搂草机搂成草垄，注意草垄要疏松，让牧草在草垄内自然风干。

二、草架干燥法

用一些木棍、竹棍或金属材料等制成草架。牧草刈割后先平铺晾晒1～2天，至含水量40%～50%时，将半干牧草搭在草架上，注意不要压紧，要蓬松。然后让牧草在草架上自然干燥。和地面晒制干燥法相比，草架干燥法干燥速度快，调制成的干草品质好。

三、机械干燥法

机械干燥法是采用机械鼓风加热使牧草干燥的方法。与自然干燥法相比，机械干燥速度快，营养物质损失少，干草色泽青绿、品质好，但设备投资和干燥成本较高。

（一）常温干燥法

常温干燥法是把刈割后的牧草压扁，并在田间预干到含水量为50%后移到设有通风道的干草棚内，用鼓风机或电风扇等装置进行常温鼓风干燥，当干草水分降到14%～17%时打捆。

（二）高温快速干燥法

高温快速干燥法是将鲜草切短，通过高温气流使牧草的含水量在短时间内下降到15%以下。干燥时间的长短决定于烘干温度的高低。

第二节　干草的贮藏

调制好的干草应及时妥善收贮保存，以免引起干草发霉而变质，降低其饲用价值。干草贮存中应尽量缩小与空气的接触面，减少日晒雨淋等。干草的贮藏方法主要有以下几种。

一、干草的堆藏

（一）露天堆垛

露天堆垛是一种经济、省事的贮存方法。需长期保藏的草垛应选择在地势高而平坦、干燥、排水良好，雨、雪水不能流入垛底的地方。距离畜舍不能太远，以便运输和取用。要背风或与主风向垂直，以便防火。同时，为了减少干草的损失，垛底要用木头、树枝、老草等垫起铺平，高出地面40～50厘米，还要在垛的四周挖30～40厘米深的排水沟。一般堆成圆形或长方形草垛。草垛的大小视具体情况而定。

堆垛时，第一层先从外向里堆，使里边的一排压住外面的梢部。如此逐排向内堆排，成为外部稍低、中间隆起的弧形。每层30～60厘米厚，直至堆成封顶。含水量高的草应当堆放在草垛上部，过湿的草应当挑出来，不能堆垛。草垛收顶应从堆到草垛全高的1/2或2/3处开始。

干草堆垛后一般用干燥的杂草、麦秸或薄膜封顶，垛顶不能有凹陷和裂缝，以免进雨、蓄水。草垛的顶脊必须用绳子或泥土封压牢固，以防大风吹刮。

堆大垛时，为避免垛中产生的热量难以散发而引发自燃，干草含水量一定要在15%以下，还应在堆垛时每隔50～60厘米垫放一层硬秸秆或树枝，以便散热。

（二）草棚堆藏

气候湿润或条件较好的养殖场和农户应建造干草棚或干草专用贮存仓库，避免日晒雨淋。草棚应建在离牲畜圈舍较近、易管理的地方，堆草时地面应有一层防潮底垫。堆草方法与露天堆垛基本相同。堆垛时干草和棚顶应保持一定距离，以利于通风散热。

二、草捆贮存

（一）草捆的制作

牧草干燥到含水量为15%～20%时即可利用打捆机打成方形或圆柱形捆，以增大草体的密度，缩小单位重量的体积，便于长期保存、运输和贮存。

打捆机的种类不同，所打的捆的形状、大小不同。饲草打捆机如图6－1所示。若在打捆的同时喷入丙酸防腐剂，打捆牧草的含水量可在30%以内，可有效防止叶片和花序等柔嫩部分在打捆、运输过程中折断粉碎损失。一般所打的小捆重量为14～68公斤，易于搬运；大捆重量为820～910公斤，需要机械装卸。

图6－1　饲草打捆机

（二）草捆的贮藏

1. 露天贮藏

柱形草捆由大圆柱形打捆机打成，重量600～800公斤，长1～1.7米，直径1～1.8米。打好的草捆可在田间存放较长时间，也可在排水良好的露天场地成行排列存放，使空气易于流通，但不宜堆放过高，一般不超过3个草捆高度。

2. 贮草库贮藏

（1）贮草库建设。

贮草库应建在畜群饲养相对集中的区域，选择向阳、背风、干燥、平坦、便于管理和运输的地段，与周围建筑物保持20米以上的距离。采用棚架结构，敞开式或三面围墙、阳面敞开，便于机械或人工作业堆料。屋顶宜用拱形或双坡屋顶。敞开式棚架的迎风面应设风障，其高度应高于檐口 40～50 厘米。其建筑尺寸应根据设施规模及堆料机械作业要求、草捆密实度等确定。

贮草库长度不宜超过 100 米，跨度不宜超过 20 米。其棚顶坡度为双坡屋顶，坡度取 1∶4～1∶3 为宜。地面应有良好的防潮性能，宜采用混凝土地面，地面应高于室外自然地坪 30 厘米。

贮草库周围应设有排水沟，沟宽 30～40 厘米、深 40～60 厘米，纵向坡度 1.5％。排水沟表面铺设沟盖板。库房四周应设消防通道，并配备防火设施设备、工具，可配备火灾自动报警系统。

（2）贮草库草捆贮藏技术。

采用输送机或人工将草捆逐层堆码成垛。草捆垛的大小可根据贮存场地确定，一般长 20 米，宽 5 米，高 18～20 层草捆。堆码时，底层一般应架空。草捆垛应保证稳定、不坍塌，并便于取用。草捆垛一般沿库长边按条状堆垛。为确保良好通风和遮挡雨雪，敞开式贮草库的条垛外侧应设 1.5～2 米的通道。草捆垛不宜过高，以距檐口 30～40 厘米为宜。草捆在仓库里应注意水分含量、防雨防潮、减少日晒、防止霉变等（图 6－2）。

图 6－2　贮草库贮藏干草

第三节　干草的品质鉴定

干草的品质一般应根据干草的营养成分来评定，即通过测定干草中水分、干物质、粗蛋白、粗脂肪、粗纤维、无氮浸出物、粗灰分、维生素和矿物质含量以及各种营养物质的消化率来进行评价。在生产实践中，由于条件的限制，只能采用感官判断干草的物理性质和含水量来对干草进行品质鉴定和分级。

一、颜色气味

干草的颜色是反映干草品质优劣的一个重要标志。优质干草呈绿色，绿色越深，其营养物质损失就越小，所含可溶性营养物质、胡萝卜素及其他维生素越多。适时刈割调制的干草都具有浓厚的芳香气味。干草如有霉味或焦灼味，说明其品质不佳。

二、叶量

干草中叶片的营养价值较高，所含的矿物质、蛋白质比茎秆多1～1.5倍，胡萝卜素多10～15倍，纤维素少1～2倍，消化率高40%。干草中的叶量越多，品质越好。鉴定时，取一束干草，看叶量多少，确定干草品质的好坏。禾本科牧草的叶片不易脱落，豆科牧草的叶片极易脱落；优质豆科牧草干草中叶量应占干草总量的50%以上。

三、牧草发育时期

适时刈割是保证干草质量的重要因素之一。始花期或始花期以前刈割的，干草中的花蕾、花序、叶片、嫩枝条较多，茎秆柔软，适口性好，品质佳；若刈割过迟，干草中叶量少，干枯老枝条多，茎秆坚硬，适口性和消化率均下降，品质劣。

四、牧草组分

干草中各种牧草所占的比例也是影响干草品质的重要因素之一。一般来说，豆科牧草所占比例越高，干草品质越好；杂草数量越多，品质越差。

五、含水量

干草的含水量应为14%～18%，含水量过高不宜贮藏。含水量高，易造成草垛发热或发霉，草质较差。

第四节　干草的利用

一、利用方式

（一）切碎饲喂

切碎饲喂常用的方法是把干草切短至 3 厘米左右或粉碎成草粉进行饲喂，以提高干草的利用率和采食量。用草粉饲喂牛、羊，不要粉碎得太细，并需在饲喂时添加一定量的长草，以便牛、羊正常反刍。

（二）牲畜自由采食

为避免粪便污染和浪费，可将干草投放在牛、羊容易采食但不易被污染的专用投草架上或食槽内，让其自由采食。

（三）全混合日粮饲喂

根据牲畜的饲养标准和饲草料的营养含量等，将干草与其他饲料按比例混合，进行全混合日粮饲喂。

二、牛、羊干草饲喂量

优质干草是牛、羊的优质饲料，适量饲喂可满足牛、羊反刍对粗纤维的需要，减少其他蛋白和能量饲料的饲喂，有利于牛、羊的健康生长，节约成本，提高效益。如果饲喂量过少，不能满足牛、羊对蛋白和能量饲料以及粗纤维的需要；如果饲喂量过多，牛、羊不能完全消化，不仅浪费，而且对牛、羊生长不利，饲喂效率降低。牛、羊干草饲喂量见表 6−1。

表 6－1　牛、羊干草饲喂量

牲畜类型	每日每头牲畜所需干草量（公斤）
干乳怀孕母牛	7.0～9.0
带犊母牛	11.0～13.0
替补小母牛	4.5～5.5
已配种一岁青年母牛	8.0～10.0
种公牛	13.0～14.0
架子牛	4.5～6.5
山羊	1.0～2.0

第七章　肉牛养殖技术

第一节　肉牛圈舍及附属设施的设计

一、肉牛场建设应考虑的主要因素

肉牛场建设的目的是实现养殖效益，因此在建场时应充分考虑以下因素：

（1）肉牛场的选址要符合行业标准规范。

（2）肉牛场建设要符合肉牛的生存环境和生产条件。

（3）在满足肉牛生产的条件下固定资产投资越省越好。

（4）肉牛场要有利于防疫。

二、肉牛场的分区

肉牛场分为办公生活区、生产区和粪污处理区三部分，要隔开修建，注意净道与污道分开，雨水与污水分流。所有大门、牛舍入口要修建消毒池，无建筑的空地应全部进行绿化。

三、牛舍的朝向

牛舍的朝向在全国范围内均以南北向（畜舍长轴与纬度平行）为好。冬季有利于太阳光照入舍内，提高舍温；夏季阳光则照不到舍内，可避免舍内温度过高。由于地区差异，综合考虑当地地形、主风向以及其他条件，牛舍朝向可因地制宜，向东或向西作 15 度左右的偏转。

四、建筑材料的选择

由于四川盆周地区夏季炎热潮湿，冬季最低温度一般在0℃左右，因此在牛舍建设时要重点考虑防高温高湿。牛舍的隔热效果主要取决于屋顶与外墙的隔热能力。国内近年有许多新建牛场采用彩钢保温夹芯板作为屋顶和墙体材料，这种板材一般是由上、下两层彩色钢板（厚度一般为0.6毫米），中间填充阻燃型聚苯乙烯泡沫塑料、岩棉、玻璃棉、聚氨酯等作为材芯，用高强度黏合剂黏合而成的新型复合建筑材料。该类板材具有保温隔热、防火防水、外形美观、色泽艳丽、安装拆卸方便等特点。

五、牛舍的屋顶设计与通风

牛舍可通过强制送风或自然通风来实现气体交换，最好是两者相结合。钟楼式和半钟楼式牛舍顶部设计贯通横轴的一列天窗，非常有利于舍内空气对流。对于双坡式屋顶，可根据需要设置通气孔。通气孔总面积以畜舍面积的0.15%为宜。通气孔室外部分可以安装百叶窗，高出屋脊50厘米，顶部安装通风帽，下设活门以便控制启闭。

六、标准化肉牛场圈舍要求

标准化肉牛场圈舍包括每头牛不小于3.5平方米的育肥牛舍和每头牛大于6平方米的运动场及隔离牛舍，母牛繁育场还包括母牛舍、犊牛舍、育成牛舍及每头牛不小于8平方米的运动场（图7－1、图7－2）。

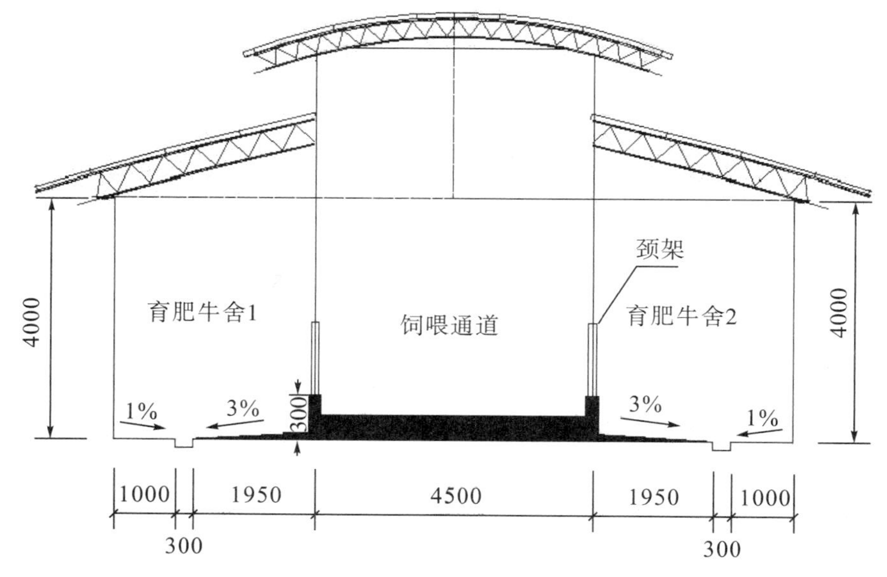

图 7—1　育肥牛舍修建剖面（单位：毫米）

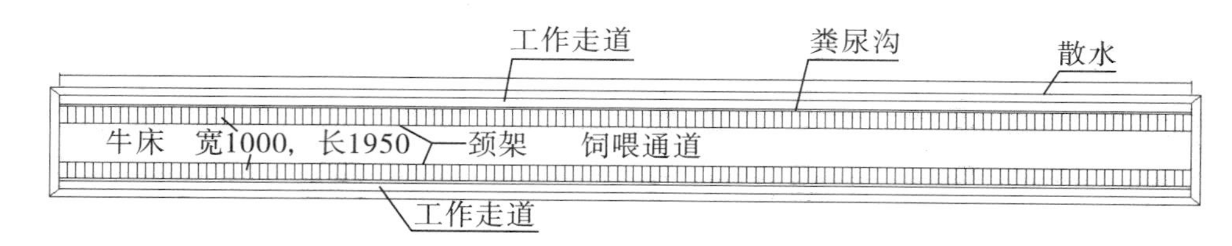

图 7—2　育肥牛舍平面布置（单位：毫米）

七、牛舍的建筑形式

牛舍的建筑形式主要有散放式、散栏式（图 7—3）、拴系式（图 7—4）和颈枷式（图 7—5）。目前，欧美国家多数采用散栏式牛舍；澳大利亚、新西兰、以色列等国家多采用散放式牛舍；我国由于人口密度较大，土地资源有限，当前牛舍建筑以拴系式和颈枷式居多，在条件允许的情况下，建议采用散栏式。

图7—3 散栏式牛舍

图7—4 拴系式牛舍

图7—5 颈枷式牛舍

八、牛舍的附属设施设备

牛舍的附属设施设备包括：

（1）消毒设施：场门口建消毒池，人员更衣、换鞋室和消毒通道；场内设行人、车辆消毒槽及环境消毒设备。

（2）饮水设施：牛舍内有饮水器或独立饮水槽，运动场设饮水槽。

（3）全混合饲料搅拌机。

（4）青贮设备（机械）和足够容量（≤7立方米/头）的青贮设施。如青贮壕、青贮池或打包、袋装青贮设备，酒糟贮存设施等。

（5）档案室，兽医室，母牛繁育场还应配备人工授精室。

（6）装牛台、地磅。装牛台高度与装牛车辆的车厢底面平齐。

九、牛场建设需要遵循的标准

（1）《粪便无害化卫生要求》（GB 7959—2012）。

（2）《污水综合排放标准》（GB 8978—1996）。

（3）《土壤环境质量 农用地土壤污染风险管控标准》（GB 15618—2018）。

（4）《病害动物和病害动物产品生物安全处理规程》（GB 16548—2006）。

（5）《村镇建筑设计防火规范》（GBJ 39—1990）。

（6）《工业与民用供电系统设计规范》（GBJ 52—1983）。

（7）《畜禽场环境质量标准》（NY/T 388—1999）。

（8）《无公害食品 畜禽饮用水水质》（NY 5027—2001）。

（9）《无公害食品 畜禽产品加工用水水质》（NY 5028—2001）。

第二节　肉牛品种选择与选育

一、主要肉牛品种

（一）夏洛莱牛

夏洛莱牛（图 7—6）原产于法国，是世界著名的大型肉用品种牛。现分布于世界 50 多个国家和地区，以增重快和瘦肉多而著名。

图 7—6　**夏洛莱牛**

夏洛莱牛体躯大而强壮，被毛多为白色或乳白色，有的呈草黄色。胸深而圆，背肌多肉，腰臂丰满，腿肉圆厚并向后突出。犊牛初生重可达 40 公斤以上；成年公牛体重为 1000～1200 公斤，体高为 142 厘米；母牛体重为 700～800 公斤，体高为 132 厘米。

夏洛莱牛的缺点是与我国本地黄牛杂交，难产率较高，一般在10%左右。

（二）安格斯牛

安格斯牛（图7—7）原产于英国，属小型肉牛品种。其特点是早熟，牛肉中脂肪含量高，大理石纹特别好，是国外肉牛品种中肉质最好的牛种。安格斯牛体形呈长方形，腿较短，无角，被毛黑色，背线和腹部有小白斑，尤其是母牛小白斑较常见。

图7—7　安格斯牛

与其他几个引入肉牛品种相比，安格斯牛的乳房发育较好，对饲料的利用性好。成年公牛体重一般为900公斤左右。

安格斯牛母牛泌乳能力优秀，断奶时公犊体重可达198公斤，母犊体重可达174公斤。在良好的饲养条件下，安格斯牛一周岁时体重可达400公斤，从出生到周岁日增重为900～1000克，屠宰率可达70%。

与我国本地黄牛杂交后，其杂种一代牛具有较好的适应性和耐粗性，放牧能力较强。

（三）利木赞牛

利木赞牛（图7—8）原产于法国，是法国除夏洛莱牛以外的第二个重要肉牛品种。其特点是体躯较长，四肢较细，母牛泌乳能力较好，生长发育较快，早熟。

图 7—8　利木赞牛

利木赞牛被毛为红色或深黄色，头较短小，额宽，胸宽，体躯较长，后躯肌肉丰满，四肢强健而细致。成年公牛体重平均为 950 公斤。

利木赞牛在整个生长期（从 3 月龄到 3 周岁）都能生产出各种类型的商品肉。在良好的饲养条件下，利木赞牛初生重 34.0～38.0 公斤，8 月龄公犊体重可达 289.6 公斤，母犊体重可达 242 公斤，平均日增重公、母牛分别为 1040 克和 860 克，屠宰率为 60%～70%。

（四）西门塔尔牛

西门塔尔牛（图 7—9）原产于瑞士，属大型肉乳兼用或乳肉兼用品种。其体型大，前躯发达，中躯呈圆筒形，骨骼结实，肌肉发育良好。整个体形为长方形，被毛浓密，额及颈上多卷毛，毛色黄白花或淡红白花。公牛体重为 1000～1100 公斤，体高为 130～140 厘米；母牛平均体重为 600 公斤，平均体高为130 厘米。

图 7—9　西门塔尔牛

西门塔尔牛的特点是体质强健，耐粗饲，饲料利用率高，性情温顺，肉质好。

由 36 头西门塔尔公犊育肥试验结果可知，西门塔尔公犊平均日增重为 1570 克。西门塔尔牛的生长速度与其他大型肉牛品种相似，育肥牛的屠宰率为 60%～65%，净肉率为 45%～55%。

西门塔尔牛标准泌乳期为 270～305 天，平均产奶量为 4000～4500 公斤，乳脂率为 4.0%。

西门塔尔牛用于改良我国本地黄牛品种，其杂交后代大约占我国各类杂交改良牛的 50%，部分地区甚至高达 90%。

（五）蜀宣花牛

蜀宣花牛（图 7－10）是以宣汉黄牛为母本，选用西门塔尔牛、荷斯坦牛，通过杂交创新、横交和世代选育，历经 30 多年培育而成的我国南方第一个培育牛新品种。

图 7－10　蜀宣花牛

蜀宣花牛含西门塔尔牛血缘 81.25%，荷斯坦牛血缘 12.50%，宣汉黄牛血缘 6.25%。

蜀宣花牛具有生长发育快、乳用性能好、肉用性能佳、抗逆性强、耐粗饲、适应范围广等特点，适应高温高湿和低温高湿的自然气候及农区较粗放条件饲养。主要性能指标优于我国育成的同类型牛品种。

蜀宣花牛体型中等，体躯深宽，颈肩结合良好，背腰平直，后躯宽广，四肢端正，蹄质坚实，整体结构匀称；头大小适中，鼻镜肉色或有斑点；被毛光亮，毛色以黄棕色为主，头部白色或有花斑，尾梢、四肢和肚腹为白色；角型为照阳角，蹄蜡黄色为主；母牛乳房发育良好，结构均匀紧凑，成年公牛略有肩峰。

初生公犊平均体重为 31.6 公斤，母犊平均体重为 29.6 公斤；4.5 周岁达到体成熟，成年公牛的平均体高为149.8厘米、体重为753.2公斤，成年母牛平均体高为128.1厘米、体重为519.8公斤。初配年龄为16～20月龄，怀孕期平均为278天，产犊间隔平均为381.5天，难产率为0.28%，双胎率为0.28%，犊牛成活率为99.3%。

群体实际产奶量平均为4480.04公斤，平均泌乳期为297天，乳脂率为4.16%。公牛18月龄育肥体重可达509.1公斤，90天育肥期平均日增重为1275.6克，屠宰率为58.06%，净肉率为48.18%。

选育公牛改良我国本地黄牛，杂种一代初生重平均为22.5公斤。

二、育肥肉牛的选择

（一）品种

育肥肉牛品种宜选择肉用或其杂交后代牛，如四川省自主培育的蜀宣花牛，西门塔尔牛×本地黄牛、安格斯牛×本地黄牛、夏洛莱牛×本地黄牛、利木赞牛×本地黄牛以及和牛×本地黄牛等杂交牛都是较好的选择。

（二）性别

没有去势的公牛，其次为去势的公牛，一般不宜选择母牛。

（三）年龄

断奶～18月龄。

（四）体型

体格高大，前躯宽深，后躯宽长，嘴大、口裂深，四肢粗壮、间距宽的牛。切忌选择头大、肚大、颈部细、体短、肢长、腹部小、身窄、体浅、屁股尖的架子牛。

三、肉牛的杂交组合方式

（一）二元杂交

西门塔尔牛（♂）×本地黄牛（♀）

皮埃蒙特牛（♂）×本地黄牛（♀）
安格斯牛（♂）×本地黄牛（♀）
和牛（♂）×本地黄牛（♀）

（二）三元杂交

欧美习惯：
夏洛莱牛（♂）×西杂牛（♀）
皮埃蒙特牛（♂）×西杂牛（♀）
日韩习惯：
利木赞牛（♂）×西杂牛（♀）
安格斯牛（♂）×西杂牛（♀）
和牛（♂）×西杂牛（♀）

（三）级进杂交

根据生产需要灵活选择。

第三节　肉牛繁殖技术

一、肉牛的繁殖方式

根据交通和地理条件的不同，肉牛繁殖主要有人工辅助自然交配和人工授精（牛冷冻精液人工授精技术）两种方式。

（一）人工辅助自然交配

人工辅助自然交配主要用在交通不便，缺乏保存冻精的液氮供应且母牛养殖分散，不便于采用人工授精技术配种的地区。将公牛放入母牛群中，任其自由交配或以人工辅助的方式进行配种，是一种比较原始、落后的方法。在自然交配的情况下，公牛与母牛的比例为1∶30～1∶50；人工辅助交配，可建立种公牛配种站，一头公牛一年可配150～200头母牛。

（二）牛冷冻精液人工授精技术

牛冷冻精液人工授精技术是采用器械人工采集公牛精液，经过检查、稀释等处理，按一定剂量输入发情母牛的生殖道内，使其受胎的方法。采用人工授精技术，在母牛相对集中的地区，一个人工授精技术员一年可配母牛 500～1000 头。

二、提高母牛繁殖力的技术措施

（1）加强母牛的饲养管理。

（2）加强犊牛和育成牛的培育。

（3）合理的牛群结构：肉牛、黄牛、水牛能繁母牛的比例为 40％～60％。

（4）合理安排生产：在配种期和妊娠期的使役和运动要适度。

（5）精确掌握母牛发情规律。

（6）防止母牛流产。

通过实施提高母牛繁殖力的各项技术措施，可以使能繁母牛总繁殖率达到 85％以上。

三、母牛生殖疾病的预防

（1）严格按操作规程输精，难产母牛产犊后可宫投抗菌药物，加强母牛饲养管理。

（2）加强母牛生殖疾病如母牛子宫炎、卵巢囊肿、卵巢炎、持久黄体、子宫颈炎、阴道炎等的治疗。

四、犊牛早期断奶技术

（1）采取犊牛早期断奶技术，力争达到一年一胎。犊牛早期补饲时间：2 周左右开始。犊牛精料参考配方：玉米 45％、麦麸 30％、菜枯 5％、豆粕 5％、蚕豆 10％、食盐 1.5％、磷酸氢钙 2.0％、碳酸钙 1.5％。犊牛 3～4 月龄断奶。

（2）加强犊牛的管理。犊牛每周刷拭 3～4 次，保证清洁用水、饮水的供给。

第四节　肉牛饲养标准

一、生产母牛饲养标准

生产母牛饲养标准主要是根据母牛的体重和不同妊娠阶段来提供其日采食干物质总量和各种营养成分的需要量，详见表7—1。

表7—1　生产母牛的饲养标准

体重（公斤）	妊娠月份	干物质（公斤）	肉牛能量单位（RND）	综合净能（兆焦耳）	粗蛋白质（克）	钙（克）	磷（克）
300	6	6.32	2.80	22.60	409	14	12
	7	6.43	3.11	25.12	477	16	12
	8	6.60	3.50	28.26	587	18	13
	9	6.77	3.97	32.05	735	20	13
350	6	6.86	3.12	25.19	449	16	13
	7	6.98	3.45	27.87	517	18	14
	8	7.15	3.87	31.24	617	20	15
	9	7.32	4.37	35.30	775	22	16
400	6	7.39	3.43	27.69	488	18	15
	7	7.51	3.78	30.56	556	20	16
	8	7.68	4.23	34.13	666	22	16
	9	7.84	4.76	38.47	814	24	17
450	6	7.90	3.73	30.12	526	20	17
	7	8.02	4.11	33.15	594	22	18
	8	8.19	4.58	36.99	704	24	18
	9	8.36	5.15	41.58	852	27	19
500	6	8.40	4.03	32.51	563	22	19
	7	8.52	4.42	35.72	631	24	19
	8	8.69	4.92	39.76	741	26	20
	9	8.86	5.53	44.62	889	29	21

续表7－1

体重（公斤）	妊娠月份	干物质（公斤）	肉牛能量单位（RND）	综合净能（兆焦耳）	粗蛋白质（克）	钙（克）	磷（克）
550	6	8.89	4.31	34.83	599	24	20
	7	9.00	4.73	38.23	667	26	21
	8	9.17	5.26	42.47	777	29	22
	9	9.34	5.90	47.61	925	31	23

二、生长育肥牛饲养标准

生长育肥牛的饲养标准主要是根据育肥牛的不同生长阶段或体重和预计日增重来提供其日采食干物质总量和各种营养成分的需要量，详见表7－2。

表7－2 生长育肥牛的饲养标准

体重（公斤）	日增重（克）	干物质（公斤）	肉牛能量单位（RND）	综合净能（兆焦耳）	粗蛋白质（克）	钙（克）	磷（克）
150	500	3.70	2.07	16.74	465	19	10
	800	4.33	2.45	19.75	589	28	13
	1000	4.75	2.80	22.64	665	34	15
	1200	5.16	3.25	26.28	739	40	16
175	500	4.07	2.32	18.70	489	20	10
	800	4.72	2.79	22.05	609	28	13
	1000	5.16	3.12	25.23	686	34	15
	1200	5.59	3.63	29.29	759	40	17
200	500	4.44	2.56	20.67	514	20	11
	800	5.12	3.01	24.31	631	29	14
	1000	5.57	3.45	27.82	708	34	16
	1200	6.03	4.00	32.30	778	40	17
225	500	4.78	2.83	22.89	535	20	12
	800	5.49	3.33	26.90	652	29	14
	1000	5.96	3.81	30.79	726	34	16
	1200	6.44	4.42	35.69	796	39	18

续表7—2

体重（公斤）	日增重（克）	干物质（公斤）	肉牛能量单位（RND）	综合净能（兆焦耳）	粗蛋白质（克）	钙（克）	磷（克）
250	500	5.13	3.11	25.10	558	21	12
	800	5.87	3.65	29.50	672	29	15
	1000	6.36	4.18	33.72	746	34	17
	1200	6.85	4.84	39.08	814	39	18
275	500	5.47	3.39	27.36	581	21	13
	800	6.23	3.98	32.13	696	29	16
	1000	6.74	4.55	36.74	766	34	17
	1200	7.25	5.60	42.51	834	39	19
300	500	5.79	3.66	29.58	603	21	14
	800	6.58	4.31	34.77	715	29	16
	1000	7.11	4.92	39.71	785	34	18
	1200	7.64	5.69	45.98	850	38	19
325	500	6.12	3.91	31.59	624	22	14
	800	6.94	4.60	37.15	736	29	17
	1000	7.49	5.25	42.43	803	33	18
	1200	8.03	6.08	49.12	868	38	20
350	500	6.43	4.16	33.60	645	22	15
	800	7.28	4.89	39.50	757	29	17
	1000	7.85	5.59	45.15	824	33	19
	1200	8.41	6.47	52.26	889	38	20
375	500	6.74	4.41	35.61	669	22	16
	800	7.62	5.19	41.88	778	29	18
	1000	8.20	5.93	47.87	845	33	19
	1200	8.79	6.75	54.48	907	38	20
400	500	7.06	4.66	37.66	689	23	17
	800	7.96	5.49	44.31	798	29	19
	1000	8.56	6.27	50.63	866	33	20
	1200	9.17	7.26	58.66	927	37	21

续表7－2

体重（公斤）	日增重（克）	干物质（公斤）	肉牛能量单位（RND）	综合净能（兆焦耳）	粗蛋白质（克）	钙（克）	磷（克）
425	500	7.35	4.90	39.54	712	23	17
	800	8.29	5.77	46.57	818	29	19
	1000	8.91	6.59	53.22	886	33	20
	1200	9.53	7.64	61.67	947	37	22
450	500	7.66	5.12	41.38	732	23	18
	800	8.62	6.03	48.74	841	29	20
	1000	9.26	6.90	55.77	906	33	21
	1200	9.90	8.00	64.40	967	37	22
475	500	7.96	5.35	43.26	754	24	19
	800	8.94	6.31	51.00	860	29	20
	1000	9.60	7.22	58.32	928	33	21
	1200	10.26	8.37	67.61	989	36	23
500	500	8.25	5.58	45.10	776	24	19
	800	9.27	6.58	53.18	882	29	21
	1000	9.94	7.53	60.88	947	33	22
	1200	10.62	8.73	70.54	1011	36	23

第五节　肉牛全混合日粮饲喂技术

一、全混合日粮饲喂技术简述

全混合日粮饲喂技术（TMR）始于20世纪60年代的英国、美国、以色列等国。当时的情况是，这些国家的奶牛场规模日益扩大，营养理论日益成熟，奶牛饲喂机械化程度日益提高，信息技术在养牛业中得到广泛应用，为推行全混合日粮饲喂技术提供了先决条件。全混合日粮饲喂技术在国内的应用最早是在大中型奶牛场，由于我国肉牛产业起步较晚，目前仅有少数大型肉牛场逐步采用，中小型肉牛场应用相对较少。

二、全混合日粮饲喂技术的优点

全混合日粮饲喂技术有很多优点：可以增加采食量；简化饲养程序，便于实现饲喂机械化、自动化，与规模化、散栏分群饲养方式相适应；采食的饲料时刻保持一致，对瘤胃环境稳定有积极作用，从而避免适口性较差的部分粗饲料的浪费以及消化道疾病和由此引发的其他疾病；有利于控制日粮的营养水平；能高效利用饲料中的非蛋白氮；由于饲喂机械化的实现，可大大提高劳动生产效率，降低劳动力成本。

三、全混合日粮饲喂技术的注意事项

由于全混合日粮饲喂技术是一项比较挑剔的技术，如果不采取合理的措施，不但不会带来效益，反而会造成损失。全混合日粮饲喂技术实施前必须进行分群饲养，分群的原则是根据肉牛个体的年龄和体重来分。必须添置饲喂设备、混合设备，增加购买饲喂设备的成本。一套全自动或半自动饲喂机械的成本投入少则 20 万～30 万元，多则高达百万元。对中小型养殖场来说，仅这一方面就是一项巨大的投入。必须定期检测日粮成分，按实际情况安排日粮配方。由于日粮原料具有一定的差异，如果全混合日粮的配方不随着原料的变化而修正，必然导致牛只摄入营养不足或者失衡，给牛群造成巨大伤害，特别是高产牛群。

四、全混合日粮饲喂技术的要点

虽然全混合日粮饲喂技术的应用有一定弊端，可是大量的实践证明，运用该技术可以降低企业的人工成本，提高肉牛场的经济效益，这就是大型肉牛场愿意采用这项技术的直接原因。

（一）合理分群

必须定期对个体牛日增重进行检测，将营养需要相近的牛分为一群。

（二）经常检测日粮成分及其原料的营养物质含量

制成全混合日粮后，动物采食没有选择的余地，如果日粮营养不平衡，牛体出现毛病的可能性会大大提高。因此，定期检测日粮成分，修正配方，保证牛体摄入的营养物质相对平衡是极为重要的。

（三）科学的日粮配制

日粮配制考虑的因素很多，除了肉牛品种、年龄、体重、体况外，还要考虑群体和个体日增重差异。

（四）日粮混合要均匀

制定科学的投料程序，一般投料顺序为干草、精料、青贮料。混合时间要视粗料的长短而定，粗料长的混合时间要适当延长。

（五）控制分料速度

每天投料2～3次，每次必须保持饲槽中有3%～5%的剩料。

（六）检查饲喂效果

制定完善的检查程序，评价饲喂效果，并将结果反馈给配方人员，以便进一步完善饲料配制。

第六节　舍饲肉牛的粪尿处理

舍饲肉牛的粪尿采用干稀分离工艺，减少污水量，最大限度地保存粪中的有机物，降低污水中污染物的浓度。建化粪处理池，使粪尿沉淀发酵，以分解其中的有机物质和杀死有害微生物（图7—11）。

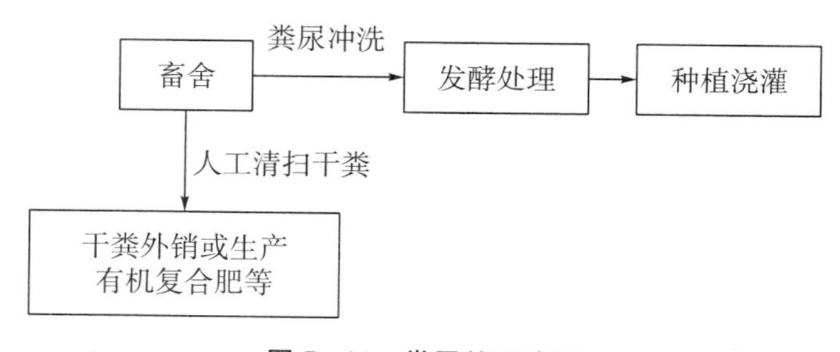

图7—11　粪尿处理流程

发酵后的粪尿水是一种高效有机肥料，用于农作物施肥、果园施肥、牧草种植等，实行种养结合，既可促进果树、作物生长，又可改善土壤条件，保护生态环境。

实行粪尿分离，修建堆粪场，将粪便集中堆积发酵，作为有机肥料、蚯蚓养殖原料或食用菌培养基。

第七节　肉牛的疫病防控

一、人员要求

肉牛场要求配有一名或一名以上畜牧兽医专业技术人员或与当地高级畜牧兽医人员有合作协议。

二、防疫制度化

应做到设施完善，制度健全，科学实施。

三、制度上墙

必须建立完善的防疫制度，并且做到制度上墙。

四、记录要求

要求保留用药及治疗效果等记录。兽药使用记录包括使用对象、使用时间和用量记录。

五、牛场消毒

（1）在牛场、牛舍入口处设消毒池，以便进出人员及车辆消毒。

（2）消毒池内用麻袋、草席、塑胶垫等做成消毒垫，倒入3%～5%的煤酚皂溶液或10%～20%的石灰水或2%的烧碱溶液等消毒液。

（3）畜舍地面、墙壁应做到一清、二扫、三消毒。

（4）消毒剂可选用3%～5%的煤酚皂溶液、10%～20%的漂白粉剂或5%的生石灰澄清液、0.5%的过氧乙酸、2%的烧碱等。

（5）畜舍空气：可用紫外线照射或熏蒸方法消毒。

（6）疫病流行时的消毒程序：消毒、清洁、再消毒。

六、肉牛主要传染病防治

肉牛主要传染病免疫程序见表7－3。

表7－3 肉牛主要传染病免疫程序

疫苗	接种时间	使用方法	剂量	疫病名称	免疫期
口蹄疫弱毒苗	春、秋两季各一次	皮下或肌肉注射	1～2岁牛1毫升，3岁以上牛3毫升	口蹄疫	4～6个月
无毒炭疽芽胞苗	春季	皮下注射	1岁以上牛1毫升，1岁以内牛0.5毫升	炭疽病	1年
气肿疽甲醛苗	春、秋两季各一次	皮下注射	5毫升	气肿疽病	6个月
牛出败氢氧化铝菌苗	春季	皮下注射	体重100公斤以下4毫升，100公斤以上6毫升	牛出败	9个月
狂犬病疫苗	春季	皮下注射	25～50毫升，紧急预防注射3～5次，隔3～5天一次	狂犬病	6个月
破伤风类毒素	春季	皮下注射	成年牛1毫升，犊牛0.5毫升	破伤风	1年
破伤风抗毒素	春季和秋季	皮下或静脉注射	预防量2万～4万单位，治疗量10万～30万单位	破伤风	2～3周
布氏杆菌羊型5号菌苗	春季或秋季	室内喷雾，肌肉或皮下注射	室内喷雾200亿个菌/立方米，肌肉或皮下注射50亿个菌/毫升的稀释液5毫升	布氏杆菌病	1年
布氏杆菌19号菌苗	春季或秋季	皮下注射	5毫升	布氏杆菌病	6～7年

七、肉牛主要寄生虫病防治

肉牛主要寄生虫病防治程序见表7－4。

表7－4 肉牛主要寄生虫病防治程序

驱虫药物	驱虫时间	驱除寄生虫种类	保护期
左旋咪唑（针剂、片剂）/阿苯达唑	春、秋两季	线虫类：犊牛蛔虫、肺丝虫等	3~6个月
硫氯酚、硝氯酚、氯氰碘柳胺钠		吸虫类：肝片吸虫、胰阔盘吸虫、前后吸盘吸虫等	
吡喹酮		绦虫类：莫尼茨绦虫、细颈囊尾蚴、脑包虫等	6~12个月
敌百虫、皮蝇磷、伊维菌素、阿维菌素		体外寄生虫：牛蜱、牛皮蝇蛆、疥螨等	6个月

注：体内外寄生虫只能驱杀成虫，不能驱杀虫卵；一般春、秋季各驱虫一次；炎热、放牧、潮湿的环境易感寄生虫，各地应根据气候、生态情况灵活掌握。

第八章　肉羊养殖技术

第一节　肉羊圈舍及附属设施的设计

一、场址选择

羊舍要选择在干燥、平坦、背风向阳的地方建设，要保证水源充足，交通便利，通信便捷，距离交通干线 300 米以上，电力供应良好，饲草料资源丰富，容易隔离、封锁。

二、各类羊只圈舍面积要求

每只羊所需圈舍面积：产羔母羊 1～2 平方米，种公羊（单饲）4～6 平方米，种公羊（群饲）2～2.5 平方米，青年公羊 0.7～1 平方米，青年母羊 0.7～0.8 平方米，断奶羔羊 0.2～0.3 平方米，商品肥羔（当年羔）0.6～0.8 平方米。

羊舍运动场面积应为羊舍的 2 倍，产羔室面积按产羔母羊数的 25%计。

三、羊舍结构

四川及我国南方湿热地区要采用高床羊舍，漏缝地板间隔 2～2.5 厘米，距离地面高度 60～80 厘米。各圈及运动场用围栏隔开，运动场面积约为舍内面积的 2 倍，围栏高度 1.2 米，围栏采用钢筋、木材或砖墙材料。羊舍内设置饲草架和料槽、活动母仔栏、羔羊补饲栅（槽）等设施。

四、排污设置

根据四川空气湿度大的气候特点，羊舍内和运动场的排水性能要好，创新设计漏缝地板下方地面为水泥地面、平滑、坡度为30度左右的接粪尿沟，运动场地面坡度为5度。粪尿沟深20厘米，宽30厘米。运动场地面为水泥地面或砖砌地面，较粗糙，坡度为5度。

五、羊舍设计

羊舍设计图如图8－1～图8－6所示。

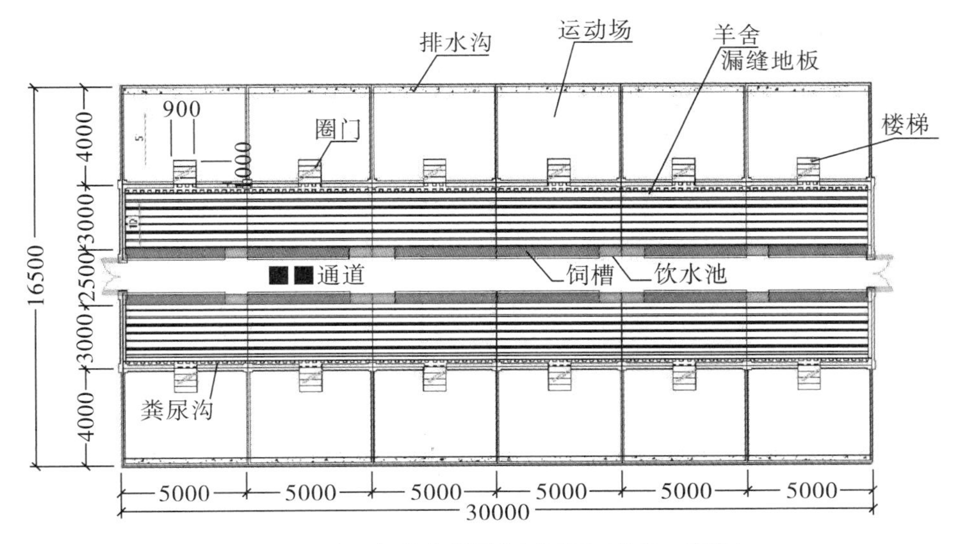

图8－1　人工饲养肉羊圈舍平面图（单位：毫米）

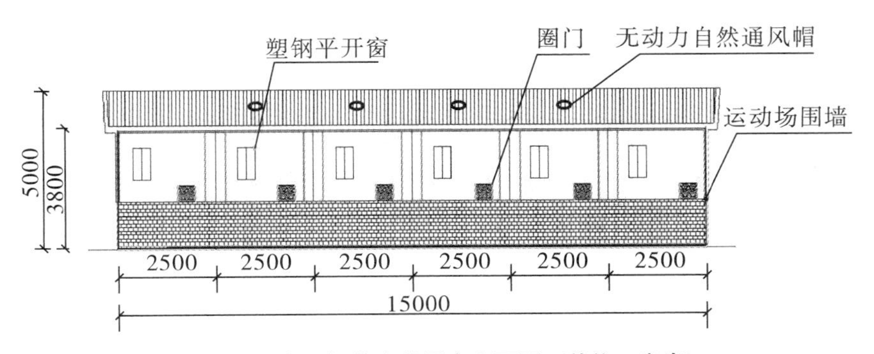

图8－2　人工饲养肉羊圈舍立面图（单位：毫米）

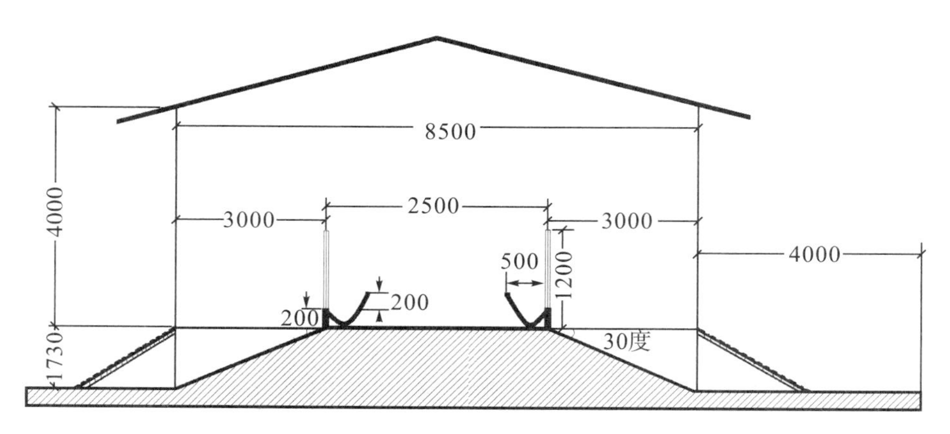

图 8—3 人工饲养肉羊圈舍剖面图（单位：毫米）

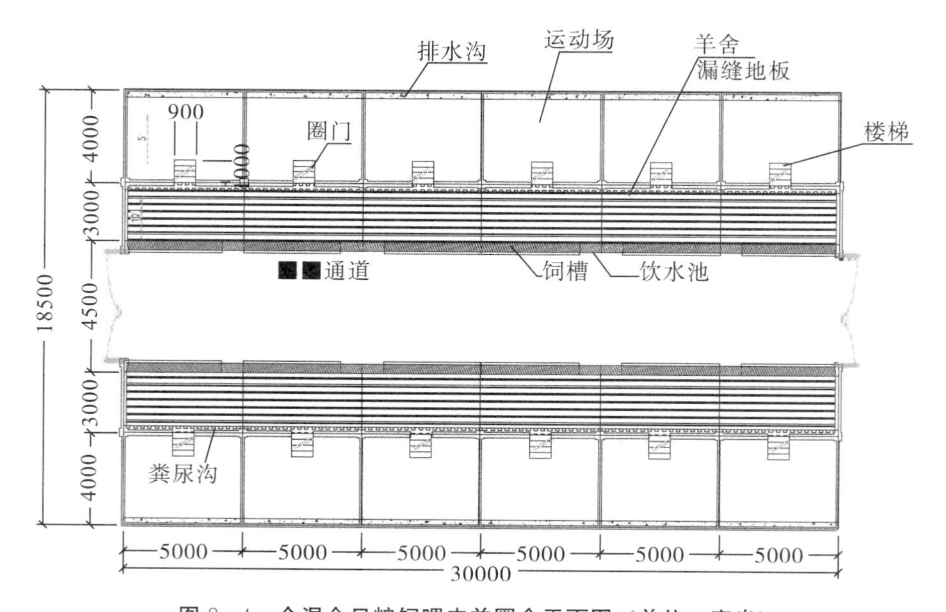

图 8—4 全混合日粮饲喂肉羊圈舍平面图（单位：毫米）

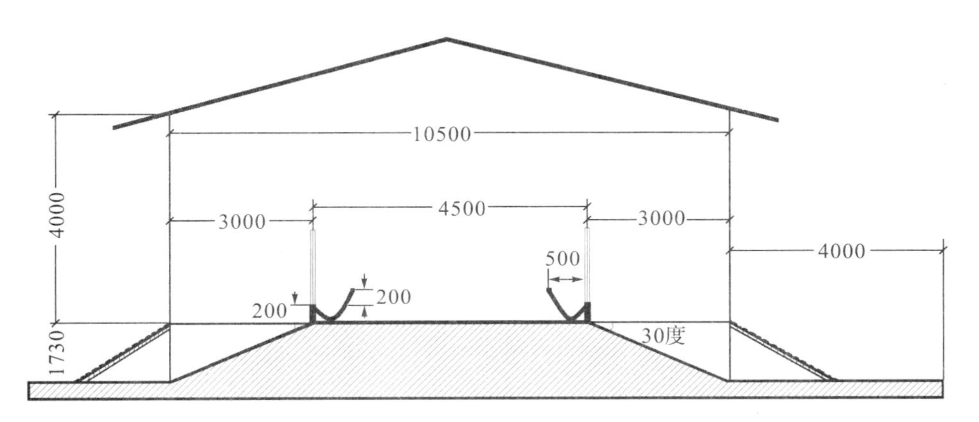

图 8－5　全混合日粮饲喂肉羊圈舍剖面图（单位：毫米）

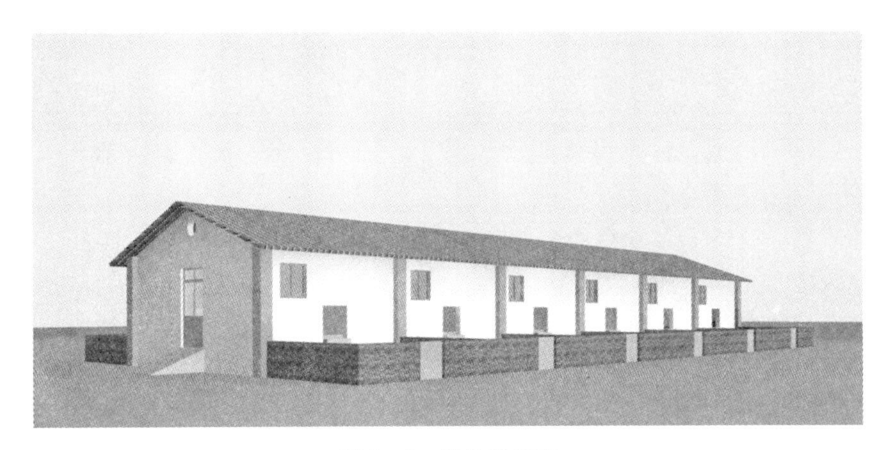

图 8－6　羊舍效果图

第二节　肉羊品种选择

一、肉羊品种选择

目前较好的肉羊品种有如下几种。

（一）波尔山羊

波尔山羊（图 8－7、图 8－8）是由南非培育的肉用型山羊品种，是世界上优秀的肉用山羊品种之一，具有肉用体型明显、生长速度快、产肉量高、适应性好等特点，其杂交改良效果显著，深受市场欢迎。主要生产性能：成年公羊体重为 80～100 公斤，母羊体重为 60～75 公斤；从初生至 2 月龄断奶，平均日增重 195 克，在良好的饲养条件下可超过 200 克；屠宰率为 48%～60%；产羔率为 188%。

图 8－7　**波尔山羊（公羊）**

图 8－8　**波尔山羊（母羊）**

（二）南江黄羊

南江黄羊（图 8－9、图 8－10）是在海拔 1000～1500 米立体气候明显，各季节间湿度悬殊的山区环境条件下育成的，形成了特强的抗逆力，适应范围广。我国南方大部分地区都是南江黄羊的适合养殖区域。

周岁公羊平均体重为 37.61 公斤，母羊平均体重为 30.53 公斤；成年公羊平均体重为 66.87 公斤，母羊平均体重为 45.64 公斤；周岁羊平均屠宰率为 49%。

图 8－9　**南江黄羊（公羊）**

图 8－10　**南江黄羊（母羊）**

（三）简州大耳羊

简州大耳羊（图 8—11、图 8—12）是在海拔 300～500 米的浅丘亚热带湿润气候环境下育成的，形成了很强的适应力，适合饲养区域为北纬 25～35 度、东经 92～115 度，海拔 260～3200 米，气温−8℃～42℃的自然区域。

周岁公羊平均体重为 47 公斤，母羊平均体重为 35 公斤；成年公羊平均体重为 70 公斤，母羊平均体重为 47 公斤；初产母羊平均产羔率为 153%，经产母羊平均产羔率为 242%；周岁阉羊平均屠宰率为 50.04%，平均净肉率为 38.46%。

图 8—11　**简州大耳羊（公羊）**

图 8—12　**简州大耳羊（母羊）**

（四）川中黑山羊

川中黑山羊（金堂型和乐至型）（图 8—13、图 8—14）是在海拔 350～500 米的中、浅丘亚热带湿润气候环境下育成的，形成了很强的抗逆力，适应范围较广。适合在北纬 30～40 度、东经 103～119 度，海拔 230～3500 米，气温−2℃～40℃的自然区域饲养繁殖。

周岁公羊平均体重为 43 公斤，母羊平均体重为 35 公斤；成年公羊平均体重为 69 公斤，母羊平均体重为 48 公斤；周岁公羊平均屠宰率为 49.94%，母羊平均屠宰率为 47.58%；公羊平均净肉率为 37.50%，母羊平均净肉率为 35.66%；母羊平均产羔率为 236.78%。

图 8－13　川中黑山羊（公羊）

图 8－14　川中黑山羊（母羊）

（五）川南黑山羊

川南黑山羊（自贡型和江安型）（图 8－15、图 8－16）是在海拔 240～900 米的中、浅丘亚热带湿润气候环境下育成的，形成了很强的抗逆力，适应范围较广。适合在北纬 30～40 度、东经 103～118 度，海拔 200～3500 米，气温 －2℃～40℃的自然区域饲养繁殖。

周岁公羊平均体重为 31.92 公斤，母羊平均体重为 27.53 公斤；成年公羊平均体重为 42.40 公斤，母羊平均体重为 38.22 公斤；母羊平均产羔率初产为 170％，经产为 205％；周岁公羊平均屠宰率为 46.05％，母羊平均屠宰率为 45.42％；公羊平均净肉率为 34.49％，母羊平均净肉率为 33.83％。

图 8－15　川南黑山羊（公羊）

图 8－16　川南黑山羊（母羊）

二、种羊的选择

（一）种公羊的选择

选择优质种公羊是提高山羊生产性能的关键。俗话说："公羊好管一坡，母羊好管一窝。"种公羊的选择通过系谱、本身成绩和后裔测定等方法实现，选择重点应放在生长发育和产肉性能上。选择的种公羊的个体应符合该品种标准，具有体格高大、四肢粗壮、睾丸发育良好、雄性特征明显、无隐睾等特征；查看系谱资料，双亲及后代生产性能优良。

（二）种母羊的选择

种母羊的选择应主要考虑系谱、本身成绩和后裔测定三个方面，选择重点应放在繁殖性能和适应性上。优良肉羊的种母羊选择应按品种标准规定要求，根据系谱，选择繁殖力强（一般从窝产 2～3 羔的后代中选留）、母性强、易配种、哺育率高、乳房发育良好的优秀个体。

第三节　肉羊繁殖技术

一、性成熟

羔羊生长到一定年龄，生殖机能达到比较成熟的阶段，生殖器官已发育完全，并出现第二性征，性腺开始产生成熟的性细胞和性激素，而且具备了繁殖后代的能力，此时称为性成熟。一般为 3～4 月龄，但此时生长发育尚未完成，一般不宜配种，以免影响母羊本身和胎儿的生长发育，应将公羊和母羊分开饲养管理，等到了配种年龄时再有计划地进行配种繁殖。

二、初配年龄

肉羊的初次配种年龄应根据其生长发育情况而定，一般比性成熟年龄晚，在开始配种时的体重应为成年体重的 70%左右；公羊交配年龄还应推迟，一般在一周岁以上。肉羊的初情期、性成熟和初次配种年龄因品种、气温、营养状况而异，一般来说，个体小的品种较个体大的早，热带品种较寒带或温带的早，营养水平高的较营养水平低的早。

三、配种时间

受胎率的高低与配种时间关系密切。在繁殖季节中，母羊发情后要在适宜的时间配种才能提高受胎率。肉羊发情的持续时间一般为 40 小时，母羊排卵的时间是在发情开始后 30～36 小时，卵子在输卵管内保持受精能力的时间为 12～24 小时，公羊精子进入母羊生殖道内保持受精能力的时间为 24～48 小时。由此推断，母羊发情后 12～24 小时配种最适宜，过早或过晚都不适宜。一般早晨发现母羊发情可在当天下午配种 1 次，第二天早晨配种 1 次，这样比较有把握配上种。如果母羊发情不明显，未观察到准确发情时间，可用公羊试情，将公羊放进去接近母羊，如其不拒绝，就可认为适于配种。

四、配种方法

（一）自然交配

自然交配是让公羊和母羊直接进行交配的方式。这种方式又称本交。由于生产计划和选配的需要，自然交配又分为自由交配和人工辅助交配。

1. 自由交配

在繁殖季节将公羊和母羊按一定比例同群放牧饲养，一般公羊和母羊比例为 1∶30～1∶50，任公羊随时和发情母羊自然交配。

2. 人工辅助交配

由肉羊生产者有目的、有计划地安排公羊、母羊进行交配，这种方式称为人工辅助交配。方法是平时把公羊和母羊分开饲养，当母羊发情后，用预先选好的优秀公羊在人工控制下交配。配种后，公羊和母羊仍然分开饲养。

（二）人工授精

人工授精是指利用器械采取公羊的精液，经过精液品质检查和一系列处理，再将精液输入发情母羊的生殖道内，使卵子受精以繁殖后代。

五、妊娠诊断

配种后为及时掌握母羊是否妊娠，采用临床和实验室的方法进行检查，称为妊娠诊断。妊娠诊断主要有外部检查法、直肠检查法、阴道检查法、黄体酮含量测定法等。

（一）外部检查法

母羊妊娠以后，一般表现为周期发情停止，食欲增进，营养状况改善，毛色润泽光亮，性情变得温顺，行为谨慎安稳。妊娠3个月以后腹位明显增大，右侧比左侧更为突出，乳房胀大。右侧腹壁可以触诊到胎儿，在胎儿胸壁紧贴母羊腹壁时，可以听到胎儿的心音。根据这些外部表现可以诊断是否妊娠。

（二）直肠检查法

母羊在触诊前应停食一夜。触诊时，母羊仰卧保定，排除直肠宿粪，然后将涂了润滑剂的触诊棒插入肛门，贴近脊柱，向直肠内插入30厘米左右。然后一手把棒的外端轻轻下压，使直肠一端稍微挑起，以托起胎胞。同时，另一只手在腹壁触摸，如能触到块状实体为妊娠，如仍摸到触诊棒，应再使棒回到脊柱处，反复挑动触摸，如仍摸到触诊棒，即为未孕。此法检查配种后60天的母羊，准确率可达95%，85天或以后的为100%。须注意防止直肠损伤，配种已115天或以后的母羊要慎用。

（三）阴道检查法

母羊妊娠3周后，当开膣器刚打开阴道时，阴道黏膜为白色，几秒钟后即变为粉血色。

（四）黄体酮含量测定法

母羊配种后，如果未妊娠，母羊的血浆黄体酮含量因黄体退化而下降，而妊娠母羊则保持不变或上升。这种黄体酮水平的差异是母羊早期妊娠诊断的基础。这种方法测定妊娠的准确率可达90%～100%。

六、产羔

母羊怀孕145天左右，准备助产接羔，舍饲羊的难产率要比放牧羊高。一般羊膜（胎衣）破后5～10分钟后仍未产出，或仅露出部分蹄、嘴等而母羊又无力努责时，助产人员应立即准备助产。准备助产的人员必须先用肥皂水洗净手臂，修剪指甲，并用酒精或其他药品消毒。当母羊努责时，趁势将羔羊向后下方用力拉出。

羔羊出生后，应立即用清洁的毛巾将其口鼻内的黏液清擦干净，防止窒息。羔羊脐带多为自然拉断，断口处要用碘酒消毒；未拉断的应用已消毒的剪刀在离腹部4厘米处剪断，结扎并消毒。

刚产出的羔羊出现假死时，立即用手提起羔羊两后肢，让其头向下悬空，轻拍胸部和背部；或将羔羊平卧，用两手有节奏地轻压两侧，进行人工呼吸。

第四节　肉羊饲养标准与全混合日粮饲喂技术

一、饲料配比

肉羊日粮较为科学的配比：鲜草：干草：混合精料=40%：30%：30%。在无干草的情况下，鲜草可占到日粮的70%，但应控制鲜草的水分。以成年波尔山羊为例，每只成年公羊（体重约77公斤）每天需要鲜草3～4公斤，干草1～1.5公斤，混合精料1.5公斤；每只成年母羊（体重约52公斤）每天需要鲜草2～3公斤，干草0.75～1.0公斤，混合精料0.5公斤。

二、全混合日粮饲喂技术

全混合日粮是根据各类羊只（种公羊、种母羊、育成羊、羔羊）的营养需要设计日粮配方，用特制的设备——全混合日粮搅拌车对日粮各组分（青贮料、干草等粗饲料与精饲料及各种矿物质、维生素等添加剂）进行切割、搅拌和混匀而调制成的一种营养相对均衡的日粮。

全混合日粮饲喂的优点是营养均衡，有利于肉羊的生长与健康；对瘤胃内环境影响小，提高养分消化利用率；增加饲料适口性，提高肉羊采食速度和采食量；减少饲料浪费，降低饲料成本；简化饲喂程序，提高劳动生产效率。

三、生产母羊饲养标准

生产母羊饲养标准见表 8—1。

表 8—1　生产母羊饲养标准

体重（公斤）	DMI（公斤/天）	DE（兆焦耳/天）	ME（兆焦耳/天）	粗蛋白质（克/天）	钙（克/天）	总磷（克/天）	食盐（克/天）
40	1.8	15.06	12.55	146	6.0	3.5	7.5
45	1.9	15.90	13.39	152	6.5	3.7	7.9
50	2.0	16.74	14.23	159	7.0	3.9	8.3
55	2.1	17.99	15.06	165	7.5	4.1	8.7
60	2.2	18.83	15.90	172	8.0	4.3	9.1
65	2.3	19.66	16.74	180	8.5	4.5	9.5
70	2.4	20.92	17.57	187	9.0	4.7	9.9

注：DMI 为日粮中干物质量；DE 为消化能；ME 为代谢能。

四、育肥肉羊饲养标准

育肥肉羊饲养标准见表 8—2。

表 8—2　育肥肉羊饲养标准

体重（公斤）	日增重（克）	DMI（公斤/天）	DE（兆焦耳/天）	ME（兆焦耳/天）	粗蛋白质（克/天）	钙（克/天）	总磷（克/天）	食盐（克/天）
15	100	0.61	6.29	5.15	64	4.6	3.0	3.1
	150	0.66	6.75	5.54	74	6.4	4.2	3.6
	200	0.71	7.21	5.91	84	8.1	5.4	3.6
20	100	0.66	7.37	6.04	67	4.9	3.3	3.3
	150	0.71	7.83	6.42	77	6.7	4.5	3.6
	200	0.76	8.29	6.80	87	8.5	5.6	3.8

续表8－2

体重（公斤）	日增重（克）	DMI（公斤/天）	DE（兆焦耳/天）	ME（兆焦耳/天）	粗蛋白质（克/天）	钙（克/天）	总磷（克/天）	食盐（克/天）
25	100	0.71	8.38	6.87	70	5.2	3.5	3.5
	150	0.76	8.84	7.25	81	7.0	4.7	3.8
	200	0.81	9.31	7.63	91	8.8	5.8	4.0
30	100	0.75	9.35	7.66	74	5.6	3.7	3.8
	150	0.80	9.81	8.04	84	7.4	4.9	4.0
	200	0.85	10.27	8.42	94	9.1	6.1	4.2

注：DMI为日粮中干物质量；DE为消化能；ME为代谢能。

第五节　舍饲羊的粪尿处理

一、羊尿及污水的处理

种羊场每日排放羊尿、冲洗圈舍水结合四川省内同类企业污水水质调查资料，预测污水水质为：BOD 5600毫克/升、COD 1100毫克/升、SS 700毫克/升、pH值6.9～7.2。种羊场设曝气氧化池，排放的污水经自然曝气氧化15天后达到排放标准外排。

二、羊粪处理和综合利用

在场内设羊粪沼气池，采用厌氧发酵工艺，沼气用作燃料。厌氧过程冬天约40天，夏季约20天。每座育肥场堆放量为10～15吨。

经厌氧处理后的羊粪是优良的农家肥料，可直接作为牧草种植的肥料。与化肥相比，具有改良土质，不会使土壤板结的优点。

第六节　羊的疫病防控

一、羊主要传染病防治

羊主要传染病免疫程序见表8－3。

表8－3　羊主要传染病免疫程序

疫苗	接种时间	使用方法	疫病名称	免疫期
羊痘鸡胚化弱毒菌苗	2～3月份	尾内侧或股内侧皮下注射	山羊痘	一年
羊四联菌苗	2～3月份；母羊配种前一个月（8～9月份）	肌肉或皮下注射	羊快疫、肠毒、猝狙、羔羊痢疾	
山羊传染性胸膜肺炎灭活菌苗	3～4月份	肌肉或皮下注射	羊传染性胸膜肺炎	
羊口疮弱毒细胞冻干苗	3～4月份；母羊配种前一个月（8～9月份）	口唇黏膜内注射，仅限疫区使用	羊传染性脓疱性皮炎（羊“口疮”）	5个月
羊亚洲Ⅰ型、O型口蹄疫二价灭活苗	春秋（2～3月龄初免，28日后加强免疫，以后每半年免疫1次）	肌肉注射	口蹄疫	4～6月
羊败血性链球菌灭活苗	3～4月份	背部皮下注射	羊链球菌病	6个月
羊大肠杆菌病灭活苗	3～5月份	皮下注射	羊大肠杆菌病	5个月
羊衣原体灭活苗	母羊配种前、后一个月	皮下注射	羊衣原体病	7个月
小反刍兽疫活疫苗	1月龄以上免疫，3年后补免一次	颈部皮下注射	小反刍兽疫	3年

注：除口蹄疫为国家强制免疫外，其余疫病根据当地和本场疫病流行情况实施免疫，小反刍兽疫四川地区推荐只免疫种羊。

二、羊主要寄生虫病防治

羊主要寄生虫病防治程序见表 8—4。

表 8—4　羊主要寄生虫病防治程序

驱虫药物	驱虫时间	驱除寄生虫种类	保护期
左旋咪唑（针剂、片剂）/阿苯达唑	春、秋两季（以放牧为主的每三个月驱虫一次）	线虫类：仰口线虫、捻转血矛线虫、肺丝虫等	成年羊半年，羔羊 3 个月
硫氯酚/氯氰碘柳胺钠		吸虫类：肝片吸虫、前后吸盘吸虫、华支睾吸虫等	
吡喹酮		绦虫类：莫尼茨绦虫（扩展/贝氏）、棘球蚴、细颈囊尾蚴、脑包虫（脑多头蚴）等	成年羊 1 年，羔羊半年
敌百虫、伊维菌素、阿维菌素		体外寄生虫：蜱、毛虱、羊鼻蝇、疥螨、痒螨	舍饲羊 6 个月

注：体内外寄生虫只能驱杀成虫，不能驱杀虫卵。春、秋季第一次驱虫后 20 天左右再驱虫一次；炎热、潮湿的环境易感寄生虫，各地应根据气候、生态情况灵活掌握。

参考文献

BELSKY A J，CARSON W P，JENSEN C L，et al. Overcompensation by plants：Herbivore optimization or red herring? [J]. Evolutionary Ecology，1993 (7)：109－121.

陈山. 中国草地饲用植物资源 [M]. 沈阳：辽宁民族出版社，1994.

任继周，侯扶江. 中国山区发展营养体农业是持续发展和脱贫致富的重要途径 [J]. 大自然探索，1999，18 (1)：48－51.

任继周. 草地科学研究方法 [M]. 北京：中国农业出版社，1998.

张英俊. 我国饲草作物的产业发展 [J]. 中国乳业，2019 (4)：3－9.